내 몸의 병을 내가 고치는
우리 집 건강 주치의, 〈내 몸을 살린다〉 시리즈 북!

현대인들에게 건강관리는 자칫 소홀히 여겨질 수 있는 부분이기도 합니다. 소 잃고 외양간 고친다는 말처럼, 큰 질병에 걸리고 나서야 건강의 소중함을 깨닫는 경우가 적지 않기 때문입니다. 이에 〈내 몸을 살린다〉 시리즈는 일상 속의 작은 습관들과 평상시의 노력만으로도 건강한 상태를 유지할 수 있는 새로운 건강 지표를 제시합니다.

〈내 몸을 살린다〉는 오랜 시간 검증된 다양한 치료법, 과학적·의학적 수치를 통해 현대인들 누구나 쉽게 일상 속에 적용할 수 있도록 구성되었습니다. 가정의학부터 영양학, 대체의학까지 다양한 분야의 전문가들이 기획 집필한 이 시리즈는 몸과 마음의 건강 모두를 열망하는 현대인들의 요구에 걸맞게 가장 핵심적이고 실행 가능한 내용만을 선별해 모았습니다. 흔히 건강관리도 하나의 노력이라고 합니다. 건강한 것을 가까이 할수록 몸도 마음도 건강해집니다. 책장에 꽂아둔 〈내 몸을 살린다〉 시리즈가 여러분에게 풍부한 건강 지식 정보를 제공하여 건강한 삶을 영위하는 든든한 가정 주치의가 될 것입니다.

다이어트,
내 몸을 살린다

임성은 지음

모아북스
MOABOOKS

저자 소개

임성은 e-mail : royalangel @ paran.com

한양대학교에서 국어국문학을 전공하였으며, 덕성여대 산업미술학과를 졸업, 국제무역과 건설업
및 에듀파크 교육법인에서 홍보이사 및 교육강사로 활동하였음. 현재 건강 칼럼리스트로 활동 하
고 있다.

다이어트, 내 몸을 살린다

1판 1쇄 인쇄 | 2010년 04월 10일
1판 5쇄 발행 | 2012년 11월 15일

자은이 | 임성은
발행인 | 이용길

발행처 | **모아북스**
       MOABOOKS
영업 | 권계식
관리 | 윤재현
디자인 | 이룸

출판등록번호 | 제 10-1857호
등록일자 | 1999. 11. 15
등록된 곳 | 경기도 고양시 일산구 백석동 1332-1 레이크하임 404호
대표 전화 | 0505-627-9784
팩스 | 031-902-5236
홈페이지 | http://www.moabooks.com
이메일 | moabooks@hanmail.net
ISBN | 978-89-90539-75-5   03570

돈과 시간이 낭비되는 다이어트는 가라!

　세계는 지금 비만과의 전쟁 중이다. 지난 40년간 비만 인구는 급속히 늘어나 서구의 비만 인구는 통제할 수 없는 상태다. 비만 관련 산업은 불황을 모르고, 비만을 해소해 주는 약품 개발을 위해 천문학적인 액수의 비용이 투자되고 있다.

　그나마 대부분의 국가는 이러한 위험에서 조금 빗겨나 있다고 하지만 우리나라의 비만 인구의 증가율 또한 안심할만한 수준은 아니다.

　최근 우리나라의 비만인구 증가율은 선진국보다 오히려

더 높다. 2003년 1만 6천여 명이었던 우리나라의 비만인 구는, 2007년부터 매년 증가 추세로 급속하게 늘어나고 있 다. 그리고 웰빙 열풍 등으로 인한 식습관 개선 움직임에 도 불구하고 비만 인구는 급격한 상승세를 보이고 있다.

이렇게 비만이 생기는 원인에 대해 많은 전문가들이 답 을 내어놓고 있는데, 가장 큰 원인으로 꼽히는 것이 잘못 된 식습관으로 보고 있다. 2000년에서 2008년까지 세계보 건기구(WHO)가 정리한 국가건강 조사 자료를 살펴보면 세계 1위 비만 국가는 미국령 사모아(American Samoa)로, 전체 국민의 93.5%가 과체중으로 나타났다.

이곳 사람들은 과거 바나나, 얌, 코코넛, 생선 등 복합당 질과 단백질의 천연 음식을 섭취했다. 그런데 제2차 세계 대전 이후 미국, 뉴질랜드, 호주로부터 이민자들이 유입되 면서 가공식품 소비량이 급속도로 늘어나 식습관이 바뀌 면서부터 비만이 늘어나기 시작했으며, 세계 2위 비만 국 가로 꼽히는 태평양의 섬나라 키리바티(Kiribati) 또한 이 와 비슷한 과정을 거친 결과였다.

세계 3위 비만 국가인 미국은 가공식품과 트랜스지방이

많은 이른바 '정크푸드(junk food)'가 넘쳐나는 나라로 우리나라 또한 서구식 식생활의 보급과 때를 같이 한 결과 비만인구가 급증하게 늘어난 것이다.

이러한 결과를 놓고 보면 비만의 주요 원인이 잘못된 식습관에 있다는 것을 쉽게 확인할 수 있다.

이 외에도 편리한 생활환경으로 인한 운동부족, 스트레스, 잦은 음주와 비만을 부추기는 요소들은 우리 사회 곳곳에서 찾아볼 수 있다.

학생들은 하루의 대부분을 책상 앞에서 보내고, 직장인들도 출퇴근 시간 외에 운동하기 어려운여건 속에서 살아가고 있으며, 이렇게 비만을 부추기는 환경에서 다이어트를 한다는 것은 핑계 아닌 핑계가 되고 만다.

그렇다면 우리가 다이어트에 성공하기 위해 가장 먼저 해야 할 것이 있다면 무엇이겠는가? 바로 '왜 나에게 다이어트가 절실하게 필요한가?'를 스스로 알아야 하는 것이다. 필요성을 절감하지 않고서는 아무리 훌륭한 대책을 내어놓아도 결과는 얻을 수 없다. 그렇다면 우리는 왜 다이어트를 해야만 하는가?

우리는 다이어트가 건강을 위협하는 만병의 근원임을 알아야 한다. 비만이 건강에 어떠한 해악을 끼치는 지는 이미 많이 알려져 있다. 고혈압, 심장병, 당뇨, 간질환, 고지혈증, 동맥경화, 뇌졸중, 암, 관절염 등 우리가 가장 두려워하는 현대병의 주요 원인이 바로 비만에서 부터 시작이다.

사회활동이 왕성한 30, 40, 50대의 가장을 쓰러뜨리는 무서운 질병이 비만에서 시작된다는 데, 남편의 커다란 배를 '인격' 이라며 두고만 볼 것인가? 비만은 질병의 원인일 뿐만 아니라, 가정을 무너뜨리는 무서운 존재이기도 하다.

그런데 많은 사람들이 다이어트를 위해 투자하는 시간과 노력 그리고 돈을 아까워 하지만 생각해보라. 당뇨에 걸리고 난 후, 심장병에 걸리고 난 후, 암에 걸리고 난 후, 그 병을 치료하기 위해 얼마나 많은 시간과 돈을 들여야 할지 말이다.

당장 눈 앞의 이익에 눈이 멀어 '괜찮다' 고 자신을 속이다 보면, 속담처럼 호미로 막을 것 가래로도 못 막는 사태가 벌어지게 될 것은 자명한 일이다.

다이어트 이제 핑계대지 말고 지금 시작하자.

최근 불어나는 체중 때문에 고민하는 분

고혈압, 당뇨 등 각종 현대병으로 고통 받고 계신 분

아무리 다이어트를 해도 체중이 그대로인 분

미용을 위해 다이어트를 계획하고 계시는 분

결혼을 위해 다이어트를 계획하고 계시는 분

건강한 생활을 계획하고 있으신 분

그리고 건강한 삶을 위해 고민하는 모든 분들에게 이 책을 권한다.

임성은

차례

Q&A 다이어트 무엇이든 물어보세요! _87

내 생애 마지막 다이어트 지금 끝내자

다이어트 십계명 따라하기

1. 다이어트 죽도록 해도 체중이 줄지 않는 이유는 무엇인가?

1) 운동만으로 살이 빠지지 않는 이유는

다이어트 즉 '체중조절' 이라 하면 많은 사람들이 운동부터 떠올린다. 전 국민을 대상으로 체중조절 방법에 대해 조사한 결과를 살펴보면 얼마나 많은 사람들이 운동을 주요 다이어트 방법으로 생각하는지 알 수 있을 것이다.

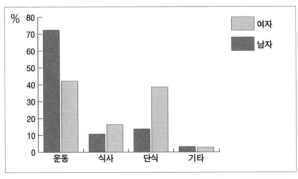

한국인이 이용하는 다이어트 방법

그러나 동시에 많은 사람들이 운동을 해도 살이 빠지지 않더라고 호소한다. 평소보다 칼로리 소비량이 늘어났는데 살이 빠지지 않는다니, 대체 어떻게 된 일일까? 해답은 의외로 쉽게 찾을 수 있다.

여기 10년 동안 다이어트를 했지만 살이 빠지지 않아 고민인 A씨가 있다. 그녀는 오늘도 다이어트를 위해 수영장을 찾았다. 수영장에 도착한 그녀는 먼저 다이어트 식품이라고 널리 알려진 떠먹는 요구르트 1개를 먹는다. 1시간 정도 수영 강습을 받고 함께 수업 받는 친구들과 함께 매점으로 가서 컵라면 등 간단한 간식을 먹었다. 수영을 하고 나면 무척 허기지기 때문에 꼭 간식을 챙겨 먹는다. 그래도 그녀는 다이어트 중임을 상기해 컵라면 반 개와 쿠키 3조각 귤 2개만 먹었을 뿐이라고 말한다.

그럼 한번 살펴보자. 수영을 1시간 할 때 보통 360~500kcal(자유형 기준) 정도의 열량이 소비되는 고강도의 운동이다. 그런데 그녀가 먹은 음식은 어떤가? 요구르트는 개당 110~140kcal, 컵라면은 개당 340~500kcal, 쿠키 1조각에 20kcal,

귤은 개당 60kcal로, 그녀는 점심 전에 이미 약 500kcal 이상을 섭취했다.

운동을 아무리 열심히 해도 에너지 소모량이 그리 크지 않은 반면, 음식을 먹을 때는 적은 양으로도 많은 칼로리를 쉽게 섭취하게 된다. 수영 1시간으로 500kcal 이하를 소모하는데, 수영 후 간식으로만 그 이상의 열량을 섭취하게 되니 살이 빠지지 않는 것은 당연한 것이다. 많은 이들이 자주 하는 여러 가지 운동을 해도 사정이 별로 다르지 않다고 생각한다. 헬스클럽에서 러닝머신을 할 때, 칼로리 소비량을 보여주는 계기판을 한번 살펴보라. 아무리 열심히 달려도 300kcal 이상의 열량을 소비하는 것이 무척 어렵다는 것을 알 수 있을 것이다.

체중은 섭취한 칼로리와 소모한 칼로리의 차이에 의해 결정되기 때문이다. 섭취한 칼로리가 많으면 살이 찌고 적으면 살이 빠진다. 살 1g은 7kcal에 해당된다. 평소대로 먹고 운동으로만 하루에 300kcal를 소비한다고 해도 하루에 40g, 한 달에 1.2Kg 정도만 빠질 뿐이다. 체중 감량 적정량인 한 달에 2Kg을 빼기 위해서는 날마다 약 500kcal를 더 소모해야 하는데, 운동만으로 이러한 차이를 낼 수 있는 사람은 그리 흔치 않다. 더구나 나이가 들면 집 밖보다 집안에서 생활하는 시간이 늘어나 평소의 활동량까지 줄어들기 때문에 더더욱 어려워지는 것이다.

물론 운동은 다이어트의 필수 요소 중 하나다. 운동은 식욕 조절에도 도움이 되고 에너지를 소모시켜줄 뿐만 아니라, 근육양을 증가시켜 살이 찌지 않는 체질로 바꾸어 준다. 그러나 앞서 살펴보았듯 운동만으로 살을 빼는 것은 거의 불가능한 일이다. 다이어트를 위해서는 운동과 식이요법을 병행해야만 한다. 운동은 삶의 방법이고 건강을 지켜주는 라이프스타일이다. 하지만 운동만으로는 다이어트의 성공은 불가능하다는 것을 분명히 기억해야 할 것이다. 또한 다음 장부터 우리가 궁금했던 다이어트의 실체에 대해 더 자세히 알아보도록 하자.

2) 소식만으로 살이 빠지지 않는다

다이어트를 하는 사람들, 그중에서도 특히 여성들은 음

식의 섭취량을 줄여 칼로리를 조절하는 다이어트 방법에 익숙해져 있다. 대부분 다이어트를 시작하면 일단 굶거나, 식사량을 무리하게 줄여 살을 빼려고 한다.

　평소에 먹는 음식량에 비해 현저히 낮은 칼로리만을 섭취하여 단기간에 살을 빼겠다는 의도로 시작되는 소식 다이어트를 한다. 그러나 이러한 방식은 초기에는 굉장히 빠른 체중 감량 효과를 보는 경우가 많아, 많은 이들이 이 방법이 효과적이라고 생각하고 있다.

　그러나 이러한 방법은 인체의 기초대사량을 낮춘다는 치명적인 단점이 있으며 인체가 대사활동을 위해 기본적으로 소비하는 에너지의 양이 적어지기 때문에, 나중에는 아무리 적게 먹어도 소화되지 않고 몸에 축적되는 에너지가 늘어나게 된다. 다시 말해 살이 쉽게 찌는 체질로 몸이 변화게 될 수 있다는 말이다.

　결과적으로 정상적인 식사를 할 경우에는 전보다 살이 더 찌기 쉽고, 다른 사람과 같이 무리하게 운동을 하더라도 체지방 비율이 높아 체중 감소가 더욱 어려워질 수 있다.

우리는 이러한 문제를 막기 위해서는 다이어트 기간 동안 굶지 않도록 해야 한다. 하루 섭취 칼로리 량을 전체적으로 줄이는 것은 좋지만 남성의 경우 1,800kcal, 여성의 경우 1,200kcal 정도는 유지해주는 것이 좋다. 또한 같은 양을 먹더라도 혈당지수가 낮은 음식 위주로 섭취하는 것이 좋다. 혈당지수가 낮은 음식은 체내로 천천히 흡수되기 때문에 혈당이 천천히 올라간다. 혈당이 빠르게 흡수되면 지방을 축적시키는 역할을 하는 인슐린의 분비가 활성화되어 살이 쉽게 찌고, 배가 금방 고파져 과식과 폭식을 하게 된다. 그러나 혈당지수가 낮은 음식은 포만감을 오래 지속시켜 식사량을 줄이는 효과를 볼 수 있다.

　이렇게 낮은 칼로리만을 섭취 위주로 하는 다이어트는 영양 결핍이라는 문제를 불러일으킨다. 우리 몸은 탄수화물, 단백질, 지방의 3대 영양소뿐만 아니라 필수지방산, 비타민, 미네랄 등이 골고루 필요하다. 그런데 칼로리가 적은 음식만 골라 섭취하게 되면 이러한 영양소를 모두 섭취하기 어려워진다.

다이어트 중에는 근육 손실이 일어나기 쉬우므로, 살코기, 콩류 등을 충분히 먹는 것도 좋다. 다이어트의 적으로 알려진 고기도 실은 철분이 풍부하지만 고기의 종류와 부위를 잘 선정한다면 여성들에게도 많은 도움이 된다. 원활한 생리활성을 위해서는 필수 지방산이 풍부한 해바라기 씨, 옥수수, 호박 씨, 호두 등을 적당히 섭취하는 것이 좋다.

이처럼 다이어트는 칼로리 양만 낮춘다고 되는 것이 아니다. 어떠한 음식을 균형있게 먹느냐가 더 중요하다. 몸에 꼭 필요한 영양소가 풍부하게 들어 있는 음식을 찾아 적정한 양을 섭취하고 운동 등을 병행해야만 한다.

3) 하루 한 끼만 먹었는데도 살이 빠지지 않는 이유는

많은 이들이 다이어트를 한다는 이유로 세 끼를 다 챙겨 먹지 않는다. 다이어트를 하지 않아도 아침 정도를 건너뛰는 직장인은 어디를 가나 쉽게 찾아볼 수 있다. 그런데 이렇게 끼니를 줄이게 되면 당장은 몇 그램의 체중이 줄어들지 모르지만 생활습관의 균형이 깨져 결국에는 다이어트 실패로 돌아가는 경우를 우리 주변에서 쉽게 볼 수 있을 것이다.

미국의 한 연구결과에 따르면 과체중인 사람일수록 끼니의 횟수가 하루 1~2끼로 해결하고 있다. 또한 체구를 거대하게 만들어야 하는 일본의 스모선수들이 하루 1~2끼에 몰아 많은 음식을 먹는 방법으로 살을 찌운다고 한다. 식사를 거르면 허기가 지고 다음 식사 시간에 과식을 하게 되기 때문에 가능한 일이다.

다이어트를 한다고 하루에 1~2끼만 먹게 되면 우리 몸의 생체 리듬은 변하게 된다. 인간의 신체는 하루에 3번에 걸쳐 식사를 하여 에너지를 보충하는 구조로 되어있다. 그런데 갑자기 하루에 한 끼만 먹고, 생활하게 되면 신체의 리듬은 변하게 된다.

하루 한 끼 식사로 다이어트를 하는 것은 앞서도 잠시 언급했던 것처럼 폭식을 부르기 쉽다는 문제점을 안고 있다. 식사를 거르면 허기져 다음 식사 때 평소보다 많은 양의 음식을 섭취하게 되는 경우가 된다. 평생 동안 하루 한 끼 식사로 살아갈 것이 아니라면, 이러한 방법은 다이어트는커

녕 살을 찌우는 지름길이 될 수 있다는 것을 기억해야 할 것이다.

4) 유행하는 다이어트만으로 살이 빠지지 않는 이유는

때마다 다양한 다이어트 방법들이 소개되고 유행하는데, 이러한 방법으로 다이어트에 성공할 수 있을까요. 이러한 다이어트가 효과적이라고 알려지는 이유는 보통 초기에 나타나는 효과와 살이 빠질 때 첫 번째로 수분 손실, 다음으로 단백질 분해 그리고 마지막으로 지방 분해의 순서를 경험하기 때문이다.

보통 체중 감소는 지방량 감소를 뜻하는데, 많은 사람들이 유행 다이어트 초기에 수분 량 감소로 인한 체중 감소만을 보고 체중이 줄었다고 생각하게 된다. 그러나 수분 손실을 통해 다이어트를 중단하게 되면 즉각 보충되기 때문에 사실 아무 의미도 없이 되어버린다. 다이어어트를 할 때는 체중감소만이 아니라 체지방량의 변화까지 반드시 체크해야 한다.

유행 다이어트는 대부분 단기간에 최대한의 효과를 보려 하기 때문에 이런 문제가 발생하게 된다. 널리 알려진 유행 다이어트 방법 중에 황제 다이어트라는 것이 있다.

저당질 고단백 식사 요법을 시행하는 것인데, 보통 탄수화물 섭취를 제한하고 육류와 생선만으로 식사를 한다. 그런데 이 방법은 저당질 식사로 인한 케톤증 때문에 심한 이뇨 현상이 일어나 초기에 체중이 급격하게 줄어든다. 하지만 육류 섭취량 증가에 따른 포화지방산 섭취 증가로 심혈관계 질환을 발생시키기 쉽다. 또한 지나친 탈수로 전해질이 빠져나가 피로도가 높아지는 문제도 있다.

예로 포도나 야채 등 한 가지 음식만 먹는 원푸드 다이어트의 경우 매우 효과가 높은 것처럼 보이지만, 실은 한 가지 종류의 음식만 먹으면 식욕이 줄고, 섭취 열량 자체가 적어진 것뿐이다. 다이어트를 멈추게 되면 다시 원래의 체중으로 돌아오거나 요요현상이 생기는 것이 바로 이러한 이유 때문이다.

이 외에도 수많은 다이어트 방법들이 이용되고 있으나

모두 실패로 끝나고 있다. 이러한 유행 다이어트는 일시적인 효과는 있지만 결과적으로 체내 영양의 균형을 깨뜨리고 건강을 해친다는 단점이 있다.

때문에 진정한 다이어트를 원하는 사람이라면 반짝 효과에 현혹되어 건강을 망치는 이러한 방법들은 가까이 해서는 안 될 것이며 전문가의 도움과 함께 체계적인 프로그램을 통해 다이어트를 시작해야 할 것이다.

5) 약만으로 살이 빠지지 않는 이유는

의학이 발달하면서 다이어트에 도움을 주는 약이 수없이 많이 개발되었다. 비만 치료 약물은 크게 에너지 섭취를 줄여주는 약과 지방의 흡수를 막는 약으로 나뉘어져 있다.

에너지 흡수를 막는 약은 보통 식욕억제제를 말한다. 이러한 약물은 뇌의 자율신경을 자극하여 식욕을 억제하기 때문에 식사량이 줄어들어 살이 빠진다. 그러나 약을 복용하지 않으면 식욕이 돌아와 다시 살이 찌게 되는 단점도 갖고 있다.

지방의 흡수를 억제하는 약물은 식이지방의 일부분이 흡수되지 않고 곧바로 배설되도록 함으로써 체중 감량의 효과를 얻을 수 있다. 그러나 이 약은 기름기를 동반한 가스 배출, 기름진 변, 설사 등의 부작용이 생기기 쉽다. 또한 지방 섭취가 그리 많지 않은 사람들에게는 큰 효과가 없는 것으로 나타났다.

이 외에도 열 생성을 촉진하는 약도 있다. 이러한 약은 인체대사에서 에너지의 소모를 크게 하는 역할을 하기 때문에 운동을 하지 않고도 운동을 한 것과 같은 효과를 볼 수 있다. 하지만 이러한 약물은 아직 안정성이 입증되지 않은 것이 대부분이라 약으로 이용하는 것은 바람직하지 못하다.

이렇듯 수많은 약물이 개발되었음에도 불구하고 비만은 아직 사라지지 않고 있다. 아무리 효과 좋은 약물이라 하더라도 비만의 원인을 완전히 없애주고 다시 비만이 생기지 않도록 생활습관을 개선해주지는 못한다.

그러나 많은 사람들이 약만 먹으면 아무것도 하지 않아도 금세 살이 빠질 것이라고 생각한다. 하지만 진정으로 살을 빼고 건강한 삶을 영위하고 싶다면 이러한 생각이 큰 오산이라는 것을 먼저 알아야 한다. 약은 다이어트를 위한 보조적 도구일 뿐이다.

　물론 약을 먹으면 큰 노력 없이도 식욕이 줄고, 에너지 소비가 촉진되며, 지방 배출이 활발해진다. 이것만 생각하면 약은 다이어트의 필수 조건이라고 생각하기 쉽다. 그러나 약 복용을 멈추게 되면 어떻게 될지 한번 생각해 보라. 식욕이 다시 늘어나고, 에너지 소비가 줄어들며, 지방도 몸속에 다시 축적된다. 그렇다고 평생 동안 약을 먹으며 살 수는 없지 않은가?

　안타깝게도 약을 더 이상 복용하지 않아도 체중 감량 효과를 영원히 유지하게 해주는 마법 같은 약은 그 어디에도 없다. 약은 체중 감량을 위해 노력하는 과정에서 적절히 사용하면 도움이 될 수 있다. 하지만 약에 의존하면 초기에는 효과를 거둘지도 모르지만 결국 부작용과 요요현상으로 더욱 고통 받게 될 것이다.

　다이어트는 결국 음식 조절, 운동, 생활습관 개선과 증상에 따른 약물처방, 전문가의 적절한 도움 등 다각적인 노력으로 완성되는 것이지 어느 한 부분에만 집착한다고 해결할 수 있는 것이 아니다.

우리가 다이어트를 통해 바라는 것은 건강한 삶이지 날씬하기만 한 몸이 아니기 때문이다.

이렇게 복잡하고 어려워만 보이는 다이어트. 그렇다면 우리가 과도하게 살이 찌는 이유는 무엇일까? 살이 적정 수준 이상으로 찌지 않는다면 이렇게 다이어트를 걱정할 필요도 없을 것이다. 다이어트의 적 '살'.

다음 장에서는 살이 찌는 진짜 이유에 대해 자세히 알아보도록 하자.

2. 살이 찌는 진짜 이유는 무엇인가?

1) 살이 찌는 데는 이유가 있다

많은 이들이 물만 먹어도 살이 찌는 체질이라고 말하는 사람들이 있다. 날씬한 사람과 비교해 그리 많이 먹지 않는 데도 유난히 살이 찐다는 것이다. 그러나 과연 이것이 사실일까 자신도 모르는 사이에 스스로를 속이고 있는 것은 아닐까 한번 살펴볼 필요가 있다.

살이 찌는 이유는 있다. 우리가 음식물을 통해 섭취하는 열량을 신체활동을 통해 모두 소화하지 않기 때문이다. 그런데 어떤 사람은 음식을 많이 먹지 않는 데도 살이 찐다고 말한다. 날씬한 사람과 비교했을 때 비슷한 양의 음식을 먹는데도 살이 찌기 때문에, 어쩔 수 없다고 말한다. 일명 '살이 찌는 체질'이라는 것이다. 어떻게 된 것일까? 정말 살이 찌는 체질이 있을까?

살을 찌우는 식습관

살이 찌는 체질을 논하기 전에 먼저 매일 먹는 음식을 한 번 살펴보자. 다른 사람과 똑 같이 밥 한 공기를 먹는다고 할 때, 식당에서 주로 주문하는 메뉴는 무엇일까?

체중이 많이 나가는 사람일수록 고기를 주재료로 한 기름진 음식이나, 맵고 짠 자극적인 음식을 주문한다. 이를테면 제육볶음이나 불고기, 부대찌개 같은 음식으로 말이다. 또한 비만인의 경우 밥을 먹을 때 반찬그릇을 싹싹 다 비우는 경우가 많다.

저지방식이라는 닭고기를 먹을 때도 살코기가 많은 부분보다는 기름기 또는 날개나 다리 부위를 더 좋아하는 경우가 많다. 국물이 있는 음식을 먹을 때 건더기와 국물을 모두 다 먹어버리는 경우가 많다. 그러니 똑같이 한 끼를 먹는다고 해도 실제로 섭취하는 열량은 훨씬 많아지게 되고 비만이 되는 원인이 되는 것이다.

물론 모두가 다 그렇다는 것은 아니다. 다만 이러한 식습관을 가진 사람의 비율이 비만인의 경우 상대적으로 높다는 것이 분명하다.

다음은 자신의 음식 선택과 식사 습관이 아래와 비교해 어떠한지 체크리스트를 통해 살펴보자.

◈ 비만을 유발하는 식습관 체크리스트

☐ 맵거나 짭짤한 맛이 나는 자극적인 음식을 좋아한다.

☐ 햄버거, 피자 등 페스트 푸드를 즐겨 먹는다.

☐ 단 음식을 좋아해 자주 먹는다.

☐ 무의식적으로 음식을 먹고 있는 경우가 종종 있다.

☐ 밥을 먹을 때 메인 메뉴나 반찬 중에 육류나 튀긴 음식을 많이 먹는다.

☐ 국이나 탕 등 국물 있는 음식을 먹을 때, 국물을 거의 다 먹는 편이다.

☐ 생선이나 닭 등의 음식을 먹을 때 기름진 부위, 껍질 등을 선호한다.

□ 상 위에 차려진 반찬을 남김없이 먹는 편이다.

□ 음식 남기는 것이 아까워 배가 불러도 남기지 않고 거의 다 먹는 편이다.

□ 야식을 자주 먹는 편이다.

□ 식사 외에 과자, 케이크, 분식 등 간식을 즐겨 먹는 편이다.

위의 목록 중 4개 이상에 해당되면 비만 위험군, 7개 이상에 해당되면 이미 비만일 가능성이 매우 높다. 그런데 위의 목록 중 2개 이하에 해당되는데도 비만이라면 식습관이 아닌 다른 원인으로 비만이 된 것이니, 전문가의 진단을 받아보아야 한다.

살을 찌우는 생활습관

다음으로 살펴볼 것은 생활습관이다. 비만인의 경우 일상생활에서 움직임의 빈도가 매우 낮은 편이다. 휴일이면 누워서 하루의 대부분을 보내는 일이 많고, 쇼핑이나 영화 감상 등 외출 횟수도 적으며, 지하철에서는 계단은 거의 이용하지 않고 에스컬레이터를 이용한다. 2층에 올라갈 때도 엘리베이터를 이용하는 경우가 많다.

사소해 보이지만 우리가 일상생활에서 움직일 때 사용하는 에너지의 양은 비만을 결정하는 매우 중요한 부분이다. 우리가 아무리 운동을 한다고 해도 기본적으로 사용하는 에너지의 양이 적으면, 전체 에너지 소모량도 그만큼 적을 수밖에 없다. 그래서 살이 찌는 체질인지 아닌지를 탓하기 전에 자신의 생활습관이 어떠한지 먼저 살펴보아야 한다.

다음 체크리스트를 통해 자신이 비만이 되기 쉬운 생활 습관을 가지고 있는지 그렇지 않은지 한번 확인해보자.

◈ **비만을 유발하는 생활 습관 체크리스트**

☐ 직장이나 학교 등에 머무는 시간이 길고 출퇴근/등하교 시간 외에는 밖에 머물지 않는다.
☐ 휴일이 되면 대부분의 시간을 집에서 보낸다.

☐ 방에 있으면 대부분의 시간을 누워서 보내게 된다.

☐ 서 있는 것을 싫어해 자리만 보이면 앉으려고 한다.

☐ 지하철이나 건물을 올라갈 때 계단을 이용하는 경우가 매우 드물다. 에스컬레이터나 엘리베이터를 주로 이용한다.

☐ 친구들과 만나면 곧바로 식당, 커피숍, 술집 등으로 들어가 대부분의 시간을 앉아서 무엇인가를 먹으며 보낸다.

☐ 여행이나 산행, 스포츠 등 활동적인 취미생활을 하지 않는다.

☐ 텔레비전이나 영화를 볼 때 꼭 음식(스낵, 팝콘, 음료 등)을 먹으면서 본다.

☐ 오래 걷는 것을 싫어한다.

☐ 청소 등 집안일을 자주 하지 않거나 아예 하지 않는다.

위의 목록 중 4개 이상에 해당되면 비만 위험군, 7개 이상에 해당되면 이미 비만(근육양이 적고 지방양이 많은 마른 비만 포함)일 가능성이 매우 높다.

위 체크리스트를 보았다면 자신이 그동안 비만의 위험에 얼마나 많이 노출되어 있었는지 확인할 수 있었을 것이다. 물론 이러한 일반적인 경우를 제외한 특별한 이유가 존재

하지 않는 것은 아니다. 실제로 살이 쉽게 찌는 체질이 있고 살이 잘 안 찌는 체질이 있다. 이러한 차이는 신체의 기초대사량 차이에 의해 생겨난다.

기초대사량은 우리의 몸이 대사활동을 위해 사용하는 에너지의 양을 말한다. 기초대사량이 높아 우리의 몸이 스스로 건강하게 살아있도록 하는 데 많은 에너지를 사용할 경우, 상대적으로 살이 덜 찌게 된다. 반면 기초대사량이 낮아 적은 에너지로도 대사활동이 가능할 경우, 에너지 사용이 적으므로 남은 에너지가 축적되어 살이 더 쉽게 찐다.

이렇게 기초대사량을 높여 살이 덜 찌는 체질로 만들기 위해서는 꾸준한 운동을 통해 근육양을 늘리고 식이 요법을 통해 체질개선을 해야 한다. 하지만 더욱 중요한 것은 우리의 식습관과 생활습관을 비만의 위험에서 해방시키는 것이다.

살이 찌는 데는 다 이유가 있다. 물만 먹어도 살이 찐다는 말을 일부 병적으로 비만이 일어나는 경우를 제외하고는 대부분 사실이 아니다. 자신이 비만이 되도록 생활습관을 만들어 온 것은 아닌지, 냉정하게 돌아보아야 한다. 변명과 자기 위한은 그만 두고 비만이 된 원인을 확실하게 체크할 때, 비만에서 탈출할 수 있는 길이 열릴 것이다.

2) 날씬한 사람들의 비밀

앞서 우리는 비만과 살이 찌게 되는 일상 속에서의 원인을 찾아보았다. 이번에는 날씬한 사람들의 생활습관과 식습관을 살펴보고, 날씬한 몸매의 이유를 알아보자.

이 세상에는 한 번도 뚱뚱해 본적이 없는 사람들이 있다. 물론 나름대로 체중이 늘었다 줄었다를 반복했지만 실제 과체중이 되거나 비만으로 분류될 만큼 살이 쪄 본 적이 없는 사람들이 있다.

이런 사람들은 과연 날씬한 체질을 타고났기 때문에 살이 찌지 않는 것일까? 물론 그러한 체질을 가진 사람도 있겠지만 대부분의 사람들은 보통사람과 그리 다르지 않은

평범한 체질을 가지고 있다. 그렇다면 그들이 날씬한 비결
은 무엇일까?

날씬한 사람들의 식생활

날씬하다는 것을 앞서도 언급했듯 음식물로 섭취하는 열
량이 소비하는 열량보다 많지 않다는 뜻이다. 본래 날씬한
사람들은 먹는 것에 집착하지 않는다. 단지 배가 고파지면
먹는다.

그들은 음식을 먹을 때 슬프다거나, 스트레스를 받았다
거나, 왠지 먹고 싶다거나 하는 이유를 대는 일이 거의 없
다. 이들에게 음식은 배가 고프고 몸에 힘이 없을 때 에너
지를 보충해주기 위한 단순한 행동일 뿐이다.

본래 날씬한 사람들은 자신이 먹고 싶은 음식을 골라 천
천히 먹는다. 이들에게는 음식이 앞에 놓여 있다고 일단 먹
고 보는 일은 좀처럼 일어나지 않는다. 오래 굶어 배가 너
무 고프지 않다면 말이다. 이들은 음식을 먹기 전에 무엇을
먹을지 고르고, 그 맛을 천천히 음미하며 먹는다. 그들은

음식을 배부르게 많이 먹는 것보다, 음식에 대한 기호와 맛을 더 중요하게 여긴다.

본래 날씬한 사람들은 배가 부르면 음식을 남긴다. 음식이 아깝다고 생각되면 싸가는 경우는 있어도, 남은 음식을 다 먹으려고 무리하는 일은 결코 없다. 배고픔이 사라지면 더 먹어야할 이유를 느끼지 못한다. 언제 음식 먹는 것을 멈춰야 하는지 제때 인식하고 그만둔다.

본래 날씬한 사람들은 기름진 음식을 선호하지 않는다. 이들이 기름진 음식을 먹지 않는 다는 것은 아니다. 날씬한 사람 중에는 고기의 비계 부분이나 기름기가 많은 껍질 부분, 볶거나 튀긴 음식을 좋아하지 않는 사람이 많다. 음식에서 기름진 부분을 제거하여 섭취하는 이들도 많다. 몸매를 걱정해서 그렇게 하는 이들도 있지만, 대부분 본래 기호가 그렇다.

이처럼 본래 날씬한 이들은 음식을 좋아해도 집착하지 않고, 배가 고프지 않을 때는 먹지 않으며 기름진 음식을 선호하지 않는 경향이 있다. 그리고 중요한 것은 이들은 다이어트를 하지 않는다. 사실 그럴 이유가 없다. 이들의 날씬함은 식습관과 생활습관 같은 일상생활의 과정에서 만들어진 것이기 때문이다. 그렇다면 이번에는 본래 날씬한 이들의 생활습관 또한 살펴볼 필요가 있겠다.

날씬한 사람들의 생활습관

날씬한 사람들의 생활습관은 어떨까? 날씬하다는 것은 몸이 가볍다는 것을 의미한다. 몸이 병약한 경우를 빼고 일반적으로 날씬한 사람들은 움직임이 민첩하다. 방안에 있을 때도 이것저것 하느라 부산하다. 한시도 몸을 가만히 내버려두지 않는다.

본래 날씬한 사람들은 집안일에 소홀하다고 할지라도 쇼핑을 하거나 친구들과 만나는 등 여러 활동으로 바쁘다. 날씬하면 옷가게에 가도 고를 옷이 많으니 쇼핑이 즐겁다.

친구를 사귈 때도 날씬하면 더 환영받기 때문에 사교모임에 가도 즐겁다. 그러니 집에 가만히 있기 보다는 집밖에서 보내는 시간이 더 많다. 그러니 자연히 일상생활 속에서 소비하는 에너지가 많을 수밖에 없다.

지하철을 이용하는 몸이 날렵한 남자들을 보라. 그들 중에 많은 이들은 굳이 자리를 찾아 않으려고 주위를 두리번 거리지 않는다. 이동을 할 때도 복잡하게 사람들이 모여드는 에스컬레이터를 이용하기 보다는 한산한 계단을 이용해 재빨리 움직인다.

본래 날씬한 사람들은 아주 오랜 시간에 걸쳐 에너지를 많이 소비하는 생활습관을 몸에 익혀 왔다. 이것은 잠시 노력하다고 만들어지는 것이 아니다. 굳게 결심했다고 해도 몸이 무거우면 힘이 들어 원치 않아도 포기하게 되는 경우가 많다.

그러나 날씬해지기를 원한다면 인내해야 한다. 본래 날씬한 사람들의 식습관, 생활습관은 다이어트를 성공으로 이끄는 지름길이다. 운동을 시작하기 전에 식이요법을 시작하기 전에 먼저 습관부터 바꾸기를 권한다.

혹여 다이어트에 성공한다고 하더라도 비만인의 생활습

관을 가지고 있다면 머지않아 다시 비만인이 될 수 있으니
말이다.

3) 왜 살을 빼야 하는가?

우리는 앞서 다이어트에 실패하는 이유들과 살이 찌는
이유, 날씬함을 유지할 수 있는 이유에 대해 알아보았다.
그리고 우리는 왜 다이어트를 하는지 그 이유를 알아야 한
다. 우리는 날씬해지기를 원한다. 그런데 그것은 왜인가?
지금부터 우리는 왜 우리가 다이어트를 해야 하는지를 함
께 생각해볼 것이다.

어떤 일을 하든 그것을 하고자하는 목표의식이 확고해야
성공할 확률이 높다고 한다. 그냥 '남들이 하니까' 같은 이
유로는 절대 성공을 할 수 없다. 다이어트를 해야 하는 이
유를 다음 체크리스트를 통해 솔직하고 분명하게 그리고
구체적으로 생각해보자.

◈ 내가 다이어트를 해야 하는 이유들

☐ 살이 많이 찐 후부터 건강이 많이 안 좋아지고 있다. 간수치도 올라가고 혈압도 높아졌다. 이대로 가다가는 언제 고혈압이나 당뇨, 뇌졸중 등 무서운 병에 걸릴지 모른다.

☐ 나는 펑퍼짐한 중년 아줌마/아저씨처럼 보이는데 옆집에 사는 사람은 실제 나이보다 10년은 젊어 보인다. 모두 날씬하기 때문이다. 나도 그 사람처럼 젊어 보이고 싶다.

☐ 새로 직장을 구해야 하는데 뚱뚱한 몸매 때문에 면접에서 탈락할까 걱정이다. 비만인 사람은 면접에서 좋은 인상을 주기는커녕 부정적인 인식을 주기 쉽기 때문이다.

☐ 살찐 사람들은 때때로 게으른 사람으로 인식된다. 대놓고 무시하거나 경멸의 시선을 보내는 사람도 많다. 지하철 혹은 버스에서 자리가 좁다며 옆에 앉는 것을 싫어하기도 한다. 이러한 대접을 받는 것이 우울하고 속상하다. 이제는 이런 기분에서 벗어나 자신감 있고 활기차게 살고 싶다.

□ 해변 혹은 수영장에서 여름을 즐길 계획이다. 친구들과 즐거운 여름휴가를 계획하고 있는데 나 혼자만 수영복 혹은 비키니를 입지 못한다는 건 말도 안 된다. 친구들 모두 그 이유를 이해해 주겠지만 그게 더 창피하다.

□ 결혼식과 같은 특별한 행사가 다가오고 있다. 그에 걸맞은 옷을 새로 사야 하는데, 지금의 몸에 맞는 사이즈의 옷은 고르기 어렵다. 이대로 백화점에 가면 점원들이 상대도 해주지 않을 것이다. "저희 가게에는 손님 사이즈가 없습니다!' 라는 말은 절대 듣고 싶지 않다.

□ 예전에 샀던 옷이 맞지 않는다. 최근에 옷을 입어 볼 때마다 몸에 맞는 옷이 줄어들고 있다. 그래서 이제는 살을 빼지 않으면 대부분의 옷을 새로 사야 하는 지경에 이르렀다. 그렇게 할 만한 금전적 여유도 없고 그렇게 하기도 창피하고 자존심 상한다.

□ 나는 더 예쁘고 멋져 보이고 싶다. 살을 빼면 직장에서 혹은 친구들 사이에서 더 근사한 모습을 보여줄 수 있을 것이다. 외모를 더욱 근사하게 가꿔 더 인기 있고 부러움을 사는 사람이 되고 싶다.

위 리스트는 사람들이 다이어트를 원하는 이유 중에 가장 많이 꼽히는 것들이다. 보통 다이어트를 원하는 이유는 단 한 가지만이 아니다. 날씬한 것을 선호하는 사회 속에서 비만인으로 사는 것은 건강의 문제 외에도 많은 어려움이 있다.

3. 비만은 모든 현대병의 원인이다

앞에서 우리는 비만과 다이어트에 대해 알아보았으며 여러 연구결과에 따르면 비만인 사람이 비만이 아닌 사람에 비해 고혈압, 당뇨병 발병률이 약 3배, 고지혈증 발병률이 약 2배 이상 높다고 의약계에서 발표가 이어지고 있다.

이뿐만 아니라 담낭질환이나 수면무호흡증도 비만으로 인해 생기며 관상동맥질환, 골관절염, 통풍 등의 질병은 물론 대장암, 유방암, 무월경, 불임, 요통 등 일일이 거론하기도 힘들 만큼 많은 질병들이 비만으로 인해 생길 수 있는 높은 위험성을 가지고 있다고 한다.

그러나 다양한 노력을 통해 비만에서 벗어나거나 체중 감소에 성공하면 현대병을 비롯한 각종 질병의 위험성에서 벗어날 수 있으며 발병 위험성도 낮출 수 있다고 한다. 체중의 10%를 줄이면 사망률이 20% 감소하며, 당뇨병으로 인한 사망은 30%, 암으로 인한 사망은 40% 감소시킬 수 있다. 뿐만 아니라 콜레스테롤 수치도 15% 가량 낮출 수 있으며 혈압도 10mmHg 정도는 낮출 수 있다고 한다.

비만에 의한 합병증의 유형		
내과적 질환	순환기	순환기심장질환, 고혈압, 고지혈증, 심비대
	내분비대사	인슐린 비의존형 당뇨병, 고지혈증, 고뇨산혈증
	소화기	지방간, 담낭질환, 췌염
	호흡기	호흡곤란, 저산소증
정형외과적 질환 .		변형성관절염
산부인과적 질환		난소기능장애, 월경이상, 불임증, 자궁내막염, 임부중독증
외과적 질환		정맥류, 외과적수술시 위험증가
기타		피부염, 편도비대, 사고사, 이하선종대

출처 - 카페다음

이렇듯 비만과 현대병은 매우 밀접한 관계에 있다. 이 장에서는 비만으로 인해 생길 수 있는 각종 질병에 대해 자세히 알아보기로 하자.

1) 암의 발생

암이 발생하는 원인에는 여러 가지가 있겠지만 비만 또한 암의 발생을 부추기는 주요 요인이라는 것은 부정할 수 없는 사실이다. 특히 근래 발생 빈도가 점점 높아지고 있는 대장암과 유방암, 식도암, 신장암은 비만이 주요 원인이라고 여겨지는 암이다. 이들 암은 특정 발암물질이나 유전 또는 감염에 의해 발생하는 것이 아니라는 공통점을 가지고 있다.

최근 한국남성들을 대상으로 한 연구 결과를 살펴보면 비만인 사람은 그렇지 않은 사람에 비해 담도암과 갑상선암의 발생 비율이 2.2배나 높았다. 또한 대장암과 전립선암은 1.9배, 간암과 신장암은 1.6배, 폐암과 임파선암은 1.5배 더 많이 발생하는 것으로 확인되었다.

예전에는 암이 발생하는 원인이 환경오염이나 유전, 자외선, 특정 약물 등에 있다고 생각되었다. 물론 이러한 요소들이 암을 발생시키는 원인이 된다는 것은 부정할 수 없는 사실이다. 그러나 암의 가장 큰 원인이 되는 것은 비만과 식생활, 담배 등 나쁜 생활습관, 운동 부족 등이다.

암은 여러 가지 원인으로 우리 몸의 대사가 제대로 이루어지지 않았을 때 발생하며 체중을 정상으로 돌려놓기 위해서는 식생활 개선, 운동 등 많은 노력이 필요하다. 그리고 비만에서 벗어나려면 몸의 생체리듬과 균형을 찾고 건강한 생활습관을 가져야 한다.

2) 당뇨, 고혈압, 심장병, 뇌졸중의 발생

비만은 온갖 병의 원인이다. 비만이 증가하면서 현대병의 발생 또한 급격히 증가하여 왔다. 흔히 당뇨, 고혈압, 뇌졸중 같은 질환의 원인에 대한 설명으로 내놓는 것이 유전이나 체질, 특정 음식 섭취 등이다. 그러나 이러한 현대병들의 진짜 원인은 바로 비만이다.

이러한 병들은 대체로 단일하게 나타나지 않는다. 비만인 사람이 고혈압과 같은 다른 병들도 함께 가지고 있는 경우가 많다는 것이다. 그것은 이러한 병들이 하나의 원인,

즉 비만에서 비롯되기 때문이다. 물론 오직 비만만이 그러한 병의 원인이 된다는 것은 아니다. 다른 요소들 또한 이러한 병을 부르는 원인으로 작용할 수 있는 것이다. 그러나 비만만큼 파급효과가 큰 질병의 원인도 없다는 것을 감히 부정할 수 있는 사람은 없을 것이다.

먼저 당뇨에 대해 살펴보도록 하자. 성인 당뇨 환자의 7~80%가 심각한 복부 비만을 가지고 있다. 비만인 사람은 정상인에 비해 당뇨의 발생 위험이 3.6배가량 높다. 그만큼 당뇨는 비만과 깊은 관련이 있다.

당뇨는 췌장의 베타세포에서 만들어지는 인슐린이 부족하거나 인슐린의 작용이 장애를 받는 인슐린 저항성이 생기면 발생하게 된다. 인슐린은 혈액 속의 포도당을 간이나 근육 등 신체 각 부위에서 이용되거나 저장하도록 돕는 작용을 한다. 그런데 인슐린이 부족하거나 저항성 문제로 제 기능을 하지 못하면 신체 기능에 치명적인 문제를 불러일으키게 된다.

비만은 인슐린 저항성 문제를 일으키는 원인이다. 인슐린 저항성이란 혈액 속에 인슐린이 충분히 있는데도, 포도당이 사용되지 못하고 몸의 특정한 부분에 지방으로 전환되어 쌓이는 현상을 말한다. 인슐린의 분비는 정상적으로 이루어지지만 사용은 효율적으로 되지 못하는 것이다.

인슐린 저항성의 원인으로는 유전, 태아 때의 영양결핍, 약물, 노화 등을 꼽을 수 있다. 그러나 주요 원인은 과도한 열량 섭취와 운동부족으로 인한 비만이다. 특히 복부비만일 경우 이러한 증상이 나타날 가능성이 매우 높다.

복부비만은 우리가 쉽게 확인할 수 있다. 남자의 경우 35인치(90cm), 여자는 31인치(80cm) 이상인 경우 복부 비만에 해당한다. 허리둘레는 정상이더라도 내장비만일 경우 이와 똑같은 위험성을 가지고 있다. 그러므로 체중이 정상이고 배가 나오지 않았더라도 평소에 운동을 거의 하지 않는다면 미리 검사를 통해 확인해볼 필요가 있다.

당뇨와 함께 많이 나타나는 병으로 심장병, 뇌졸중을 꼽을 수 있다. 비만은 혈액의 대사에 악영향을 미쳐 동맥경화, 고혈압 등을 유발한다. 관상동맥에서 동맥경화가 일어나면 협심증과 심근경색과 같은 심장질환이 발생하게 된다.

과거에는 단순히 혈압 조절에 문제가 생겨 혈압이 비정상적으로 높아졌을 때 발생하는 뇌출혈이 많이 일어났지만, 요즘에는 뇌혈관이 막혀서 발생하는 뇌경색이 점점 많아지고 있다. 뇌경색은 신체 여러 부위의 마비 혹은 위축을 가져오고 행동이나 감각, 사고 등을 조절하는 뇌 부위에 손상을 입힌다.

심장병과 뇌졸중 모두 처음 발병으로 사람을 초래할 수 있는 치명적인 질환이다. 또한 한번 발생하면 재발의 위험이 매우 높아 평생 관리가 요구되는 골치 아픈 질병이기도 하다. 인생의 많은 시간을 병을 치료하느라 병원에서 보내게 된다면, 신체적으로도 물론이고 정신적으로, 재정적으로 많은 문제에 부딪히게 될 것이다.

그래서 다이어트는 단순히 아름다움만을 위한 선택이 아니라 건강과 삶의 향상을 위한 필수적인 조건이 되는 것이다.

3) 퇴행성관절염의 발생

퇴행성관절염은 뼈의 말단 부위에 연결된 관절 연골이 변형되어 생기는 병이다. 관절에 염증이 생겨 발생하는 것이 아니라 뼈가 변형되어 생기게 된다. 관절의 연골이 약해지고 관절 표면과 그 주위에 비정상적으로 뼈가 형성되는 것이 이 질환의 특징이다.

이러한 질환은 보통 중년 이후에 생기게 되는데, 전문가들은 정도의 차이만 있을 뿐 모든 사람에게 발생하는 병이라고 말한다. 그런데 문제는 비만의 증가와 함께 어린 나이에 이러한 질환으로 고통 받는 사람들이 늘어나고 있다는 것이다.

이 질환이 발생하게 되면 관절부위에 심한 통증이 생기게 된다. 처음에는 오래 걷거나 운동을 한 후에 이러한 증상이 생기지만 시간이 지나 퇴행성관절염이 진행되면 조금 걷거나 자리에서 일어나 움직임만으로도 통증을 느끼게 된다. 관절 변형도 진행되면 무릎 관절의 경우 관절이 붓고 관절 내에 물이 고이며 다리가 굽어지기도 한다. 이 질환이 손가락 관절에 발생하면 손가락 마디가 튀어나오고 움직이기가 뻣뻣하고 불편하게 된다.

많은 사람들이 퇴행성 관절염을 류머티즘성 관절염과 혼동하곤 하는데, 실제로는 전혀 다른 질병이다. 류머티즘성 관절염은 만성적인 점시 염증 질환으로 관절의 윤활조직에 주로 발생하여 관절을 파괴하거나 장애를 일으키는 질병이다.

또한 퇴행성 관절염을 골다공증과 혼동하여, 골다공증 치료에 쓰이는 칼슘과 비타민 D, 호르몬 등으로 치료하려는 사람들이 있는데 이것으로는 퇴행성 관절염을 치료하지 못한다.

퇴행성 관절염이 생기는 것은 비만과 운동부족 때문이다. 체중이 많이 나갈수록 관절이 받는 힘이 더 커지게 되고, 운동이 부족하면 관절의 움직임을 돕는 근육의 힘과 유연성이 줄어들기 때문이다. 평소 오래 서 있거나 오래 걸어 관절에 무리를 주는 경우가 많을 때에도 퇴행성 관절염이 생기기 쉽다.

퇴행성 관절염이 생기면 사람들은 대게 진통 및 진정효과가 있는 붙이는 치료제나, 약물 등으로 치료를 시도한다. 하지만 이러한 방법들은 병의 원인을 제거해주는 방법이 아니기 때문에 이런 방법만 지속할 경우 통증은 줄일 수 있을지 몰라도 장기적으로 관절의 마모를 가속화시켜 관절염을 더욱 악화시킬 수 있다. 퇴행성 관절염을 예방하고 근본적으로 치료할 수 있는 길은 체중을 줄이고 운동을 통해 근육의 양을 늘리는 방법뿐이다.

4) 우울증의 발생

우울증은 사실 우리 주위에서 흔히 발생하는 질병임에도 많은 사람들이 그 위험성에 대해 제대로 인식하지 못하고 있다. 우울증은 해마다 성인 10명 중 1명꼴로 경험할 정도로 흔한 질병이면서 매우 위험한 질병이기도 하다. 발병 15개월 후 사망률이 보통 사람에 비해 4배나 높고, 특히 자살을 유발한다는 특징을 가지고 있다.

우울증에 걸린 사람들의 60~70%가 자살에 대한 생각을 해본 경험이 있고, 이들 중 10~15%가 실제로 자살을 시도 한다. 우울증에 걸린 사람들 중 40% 정도는 환경 변화와 주 위 사람들의 노력 등으로 자연히 치유되지만, 수년간 치유 되지 않고 증상이 점점 악화되기도 한다.

우울증은 많은 사람들이 생각하는 것과 달리, 신체적인 질병과 같이 치료하면 나을 수 있는 질병이다. 그러나 아직 까지 인식부족으로 인해 적절한 치료를 받지 않는 경우가 많다. 우울증은 전문가의 진찰로 확인받을 수 있지만, 다음 과 같은 증상이 2주 이상 지속되면 전문가와 상의하고 적절 한 도움을 받는 것이 좋다.

우울증의 대표적인 증상은 이렇다. 이유 없이 슬프거나 눈물이 난다. 아무 일에도 흥미가 생기지 않는다. 죄의식이 느껴지거나 자신이 무가치하게 느껴진다. 실제 상황과는 별개로 미래에 아무 희망이 없는 것처럼 느껴진다. 몸이 처 지고 무기력하다. 불안감이 느껴진다. 식욕과 체중이 급격 한 변화를 보인다. 기억력과 집중력 그리고 판단력이 심하게 떨어진다. 두통과 소화불량 비정상적인 수면 패턴이 반복된다. 죽음과 자살에 대한 생각을 자주 하게 된다는 것 등이다.

이러한 증상이 생기는 이유는 주로 인생의 중요한 문제로 인해 심한 스트레스를 받거나 정신적으로 불안정한 상황에 놓이게 되기 때문이다. 인간관계의 어려움이나 사회부적응 등도 우울증을 유발하는 요인이 될 수 있다. 유전적 요소도 무시할 수 없는 요인 중 하나다.

그러나 최근 들어 우울증의 원인으로 비만이 크게 관여하고 있다. 이것은 비만인 사람이 사회 속에서 그다지 환영받지 못하거나 소외당하는 경우가 많아, 생활을 하면서 정상 체중을 가진 사람보다 월등히 높은 스트레스와 압박감을 느끼기 때문인 것으로 분석된다.

비만은 이렇듯 건강의 문제 뿐 아니라 정신적인 문제까지 불러일으킨다. 비만인 사람은 그렇지 않은 사람에 비해외모에 대한 열등감을 느끼기 쉽다. 그러면 성격이 소극적으로 변하고 대인관계에 문제가 생기기 쉽다.

　또한 몸이 무거우면 움직이는 것을 싫어하게 되고, 자신의 외모에 대한 자신감을 상실하여 외출을 잘 하려 하지 않기 때문에 활동량이 적어져 더욱 살이 찌는 결과를 초래하게 된다. 그렇게 되면 비만은 더욱 심해지고 이로 인해 받는 스트레스와 좌절감을 폭식 등으로 해결하려고 하면서 더욱 살이 찌는 악순환에 빠지기 쉽다.

4. 다이어트 내 몸을 살린다

이렇듯 많은 문제를 불러오는 비만, 어떻게 하면 해소할 수 있을까? 이 장에서는 다이어트에 성공하여 비만에서 벗어나기 위해 우리가 꼭 알아두어야 할 것과 다이어트를 통해 내 몸을 살리는 것에 대해 우리가 꼭 지켜야 할 7가지에 대해 알아보자.

1) 아침을 먹어라

아침식사를 거르는 사람들이 많다. 우리나라 사람들의 21.1%(남자 19.6%, 여자 22.5%)가 아침을 먹지 않는다고 한다. 이들은 대게 습관적으로 혹은 소화가 안 된다거나 다이어트를 위해서라거나 건강에 더 좋아서라는 등의 이유로 아침을 먹지 않는다.

◈ 아침을 안 먹는 비율 (국민 건강 영양 조사)

연 령	남자(%)	여자(%)	전체(%)
7~12세	12.2	16.5	14.2
13~19세	30.9	43.03	36.9
20~29세	44.9	45.8	45.5
30~49세	20.4	22.5	21.5
50~64세	7.8	9.9	8.9
65세 이상	3.0	4.6	4.0

이렇듯 많은 사람들이 아침을 거르면서도 잘만 살고 있는 것처럼 보이는데, 왜 아침을 먹으라고 하는 것인가 라는 의문이 생기는 사람도 있을 것이다. 그러나 아침식사는 건강에 그리고 다이어트에 굉장히 긍정적인 영향을 미치는 요소이다.

아침을 먹으면 점심과 저녁에 과식을 하지 않게 된다. 아침을 먹지 않게 되면 공복감이 커져 점심 때 과식을 하게 되는 경우가 많다. 하지만 반대로 아침을 먹으면 점심 때 식욕이 상대적으로 줄어들고 저녁식사의 양도 함께 줄어드는 효과가 있다.

또한 아침을 먹으면 그렇지 않을 때보다 균형 잡힌 영향을 섭취하게 된다. 지금까지 발표된 연구 결과를 종합해보면 아침을 먹는 사람의 영양상태가 그렇지 않은 경우에 비해 월등하게 좋은 것으로 나타났다.

아침식사는 이 외에 하루의 활동력을 높이는 데에도 큰 효과를 나타내는 것으로 나타났다. 아침을 먹는 사람들과 아침식사를 거르는 사람들을 비교한 연구 결과에 따르면 아침식사를 하지 않는 사람들은 집중력이 상대적으로 떨어지고 신경질적이며 문제 해결 능력이 상대적으로 감소하는 것으로 나타났다. 특히 오전 시간에 이러한 차이가 더 크게 벌어지는 것으로 조사되었다.

아침식사는 더욱 건강하고 효율적인 생활에 있어 필수적인 선택이며 비만을 예방하고 치유할 수 있는 아주 좋은 방법이기도 하다. 하루 세 끼의 양은 1:1:1로 균일하게 하는 것이 좋으며 탄수화물을 충분히 섭취해주는 것이 좋다.

2) 보양식보다 한식을 먹어라

많은 사람들이 건강에 문제가 생기면 건강의 회복을 돕기 위해 보양식을 먹는다. 먹을 거리가 부족하고 채식 위주의 식사를 했던 과거에는 이러한 보양식이 몸에 부족한 영양분을 보충해 원기를 회복시키는 데 도움을 주었다. 그런데 먹을 것이 더없이 풍요로워진 요즘은 열량이 높은 보양식은 독이 될 수 있다.

사실 보양식은 대표적인 비만식이다. 보양식이라 불리는 음식은 대부분 고지방, 고단백, 고칼로리라는 특징을 가지고 있다. 한국인의 경우 지방 섭취량이 20% 정도인데, 보양식에 함유된 지방은 35%를 상회한다.

우리가 몸에 나쁘다고 생각하는 패스트푸드와 비슷한 수준이다. 때문에 보양식을 자주 먹게 되면, 평소 사용하는 칼로리보다 훨씬 많은 양의 열량을 섭취하게 되므로 남은 열량은 지방이 되어 몸속에 쌓이게 된다.

단백질을 너무 많이 섭취하게 되는 것도 문제다. 단백질의 하루 권장량은 성인의 경우 남자 70g, 여자 50g이다. 그런데 이 권장량보다 2배 이상 많은 양의 단백질을 섭취하게 되면 골다공증이 촉진되고, 신장결석이 생기기 쉽다.

그렇다면 어떤 식사를 하는 것이 건강을 위해 그리고 다이어트를 위해 좋을까?

정답은 의외로 가까이에 있다. 바로 한식이다. 한식은 채식을 위주로 식단이 짜여 있고 밥과 국을 기본으로 다양한 반찬들로 구성되어 있어, 과도한 열량 섭취를 근본적으로 차단할 수 있을 뿐만 아니라 다양한 영양소를 골고루 섭취할 수 있다는 장점이 있다.

◈ 한국식 식사와 미국식 식사 비교

구분	한국식 식사	미국식 식사
칼로리	1976 kcal	2146kca
당질 : 단백질 : 지방질	60 : 15 : 20	52 : 15 : 33
육류 섭취	42kg/년	122kg/년
동물성 식품(% 에너지)	15%	27%

구분	한국식 식사	미국식 식사
포화지방(% 에너지)	6.3%	11.3%
포화 : 단불포화 : 다불포화비	1 : 1.1 : 1.3	1 : 1.1 : 0.6
오메가6 : 오메가3	6.4 : 1	16.7 : 1
생선류	51kg/년	21kg/년
야채	223kg/년	123kg/년
콩류	34g/일	9.6g/일

위 표는 2005년 발표된 식사를 통해 섭취하는 영양소와 열량에 대한 비교연구를 정해 놓은 것이다. 이를 살펴보면 한국식 식사가 미국식 식사에 비해 전체 열량의 섭취가 적은 것은 물론이고 포화지방의 섭취도 현저하게 낮은 것으로 나타났다. 또한 각종 현대병을 예방하는 효과가 높은 오메가3의 섭취 비율도 비교적 높다는 것을 확인할 수 있다.

한식의 단점이라고 불리는 염분과 자극적인 조미료를 줄이고 현미와 잡곡밥으로 혈당지수까지 낮춘다면 한식은 다이어트를 필요로 하는 사람을 위한 최상의 밥상이 될 수 있다.

3) 국물이 아닌 건더기를 먹어라

우리나라의 식탁에서 절대로 빠지지 않는 것이 바로 국물이다. 국, 탕, 찌개, 전골 등 우리나라의 음식에는 많은 종류의 국물 요리가 있다. 문제는 사람들이 이러한 국물요리를 먹을 때 건더기보다 국물에 더 많은 관심을 보인다는 것이다.

회식자리처럼 여럿이 같이 음식을 먹고 나올 때 보면 건더기는 남아 있고 국물은 다 비워진 경우를 많이 보게 된다. 그런데 이러한 국물에는 염분이 많이 함유되어 있다. 보통 염분 농도가 1.2%를 넘어선다. 그럼에도 우리가 국물 음식을 그리 짜게 느끼지 않는 것은 국물음식의 높은 온도와 양념의 자극적인 맛에 짠 맛이 가려지기 때문이다.

그런데 그것을 인식하지 못하고 국물을 많이 먹으면, 몸에 염분이 지나치게 많이 들어와 몸이 붓고 혈압이 높아지며 신체대사의 균형이 깨지게 된다. 그러니 건강도 안 좋아지고 살도 잘 빠지지 않는다.

또한 국물 속에는 지방이 많이 함유된 경우가 많다. 보통 국물 음식은 육류나 해산물을 주재료로 야채와 함께 끓여 내는 경우가 많은데, 이때 국물 속으로 지방과 미네랄이 빠져 나오고 비타민은 파괴된다. 지방 함유량이 많아 고소한 맛을 내는 국물의 경우 지방량이 밥 1공기의 양과 맞먹는다.

국물을 많이 먹게 되면 상대적으로 다양한 영양소를 간직하고 있는 건더기를 적게 먹게 된다는 문제도 발생한다. 국물 맛이 강할 경우 반찬도 적게 먹게 되기 때문에, 결국 지방은 많이 섭취하지만 다른 영양소의 섭취는 잘 이루어지지 않는 불균형 상태가 되는 것이다.

또한 오래 끓여 나오는 국물 음식을 먹을 때는 음식이 부드러워 많이 씹지 않고 음식을 넘기게 되는데, 이러한 종류의 음식을 자주 먹으면 구강의 운동이 줄어들어 치아 건강과 뇌의 노화에 안 좋은 영영을 미칠 수 있다.

국물음식에 밥을 말아먹을 경우에는 밥 먹는 시간이 빨라지고, 먹는 양이 늘어나게 되는 경향이 있다. 영양 불균형 상태에서 섭취하는 열량만 점점 늘어나게 되는 것이다.

그러므로 국물음식을 먹을 때는 국물 보다는 건더기를 먹고, 국물에 간을 적게 하여 염분의 섭취를 줄일 수 있도록 해야 한다. 그리고 주재료를 육류보다는 해산물로 하고, 끓이는 동안 국물음식의 재료로 들어가는 채소의 비타민이 파괴된다는 것을 감안하여 나물, 생채소 등의 반찬을 함께 준비하는 것이 좋다.

4) 음료수가 아닌 미지근한 물을 마셔라

물은 인간의 생존을 위한 필수 조건으로, 부족할 경우 그 무엇으로도 대신할 수 없는 중요한 요소이다. 건강한 삶을 위해 요구되는 물의 양은 성인의 경우 하루 1.5~2L 정도이다. 인간의 몸은 수분이 부족한 상태에서도 적응해나갈 수 있지만, 스트레스가 심하기 때문에 질병에 대한 저항력이 약해지게 된다.

수분은 신체의 대사 작용에 관여하고 체내에 영양분을

운반하는 역할을 한다. 또한 체내 해독작용을 돕는 중요한 역할을 수행한다. 몸무게를 줄이기 위해서는 먼저 몸을 정화하고 독소를 배출하는 작업을 해주는 것이 좋은데 이를 위해서는 몸속에 충분한 양의 수분이 있어야 한다.

그런데 이렇게 중요한 물은, 순수한 물 그 자체가 아니라 다양한 음료수, 맥주, 커피 등을 통해 섭취하는 사람들이 많다. 그런데 이런 음료는 건강을 해칠 뿐만 아니라, 우리 몸에서 수분을 빼앗아가기 일수다. 대체 어떻게 된 일인지먼저 음료수를 살펴보자.

스포츠 음료, 청량음료 등 다양한 음료수에는 수분뿐만 아니라 당분 등 다양한 성분이 들어 있다. 얼핏 보면 여러 영양소와 수분을 함께 섭취할 수 있겠다고 생각하기 쉽지만, 사실 이들 음료 속에 든 영양소들은 함유량이 극히 미미하여 반찬을 한 젓가락 집어먹는 것만도 못한 경우가 많다. 반면 당분과 나트륨 등의 성분은 상대적으로 많아 600mL 정도의 음료를 마실 경우 200~300kcal의 열량을 섭취하게 되어 비만의 원인이 된다.

커피, 차, 콜라 등에는 카페인 성분이 많이 들어 있는데, 카페인은 뇌를 자극시키고 심혈관계 기관을 자극한다. 또한 탄산음료, 어린이 과즙음료 등은 산성을 띠고 있는 경우가 많아 충치의 원인이 되기도 하며, 비타민 음료에는 인체에 필요한 양질의 비타민이 골고루 들어 있지 않아 오히려 부작용을 일으킬 수도 있다.

또한 이와 같은 음료들의 공통된 특징이 있는데, 바로 모두 이뇨작용을 촉진한다는 것이다. 카페인 등 음료에 함유되어 이뇨작용은 더욱 강해지게 된다. 때문에 음료를 많이 마셔도 몸에 거의 남아있지 않게 되거나 심하면 마신 양보다 더 많은 양의 수분이 빠져나가 탈수의 원인이 된다. 그리고 이러한 음료를 자주 마시면 우리 몸은 만성탈수에 시달리게 된다.

만성탈수는 몸속의 수분이 필요량보다 늘 1~2% 적어 신진대사의 흐름이 원활하지 못하게 되는 것을 말한다. 만성탈수는 주로 물을 별로 안마시거나, 주로 음료를 통해 수분을 섭취하는 사람들에게서 나타나는데, 장기화 되면 요로 결석, 요로암, 대장암, 유방암, 당뇨, 뇌졸중 등이 생기기 쉽다.

만성탈수는 또한 변비의 원인이 되고 비만을 일으키기도 한다. 특히 탈수 시 느껴지는 갈증과 공복감을 혼동하여 물 대신 음식을 섭취하는 경우가 많아 부종과 체중 증가가 함께 일어나게 된다.

때문에 수분 섭취는 순수한 물로 하는 것이 좋으며, 위를 자극하는 찬물보다 몸속으로 흡수가 잘 되고 내장기관의 움직임을 방해하지 않는 미지근한 온도의 물을 먹는 것이 좋다.

◈이렇게 물 마시면 반드시 살이 찐다.

식사 30분전, 식사 도중, 식후 1시간 동안은 물을 마시지 않는 것이 좋다. 식사 중에 수분을 많이 섭취하면 포도당의 흡수 속도가 빨라져 혈당이 급속하게 상승하고 혈중 인슐린 농도도 높아진다. 인슐린은 식사로 체내에 들어오게 된 당을 지방으로 바꾼다.

◈이렇게 물 마시면 살이 빠진다

하루 10잔을 공복 시에 수시로 마신다. 뚱뚱한 사람은 마른 사람보다, 체격이 큰 사람은 작은 사람보다 물이 더 필요하며, 심한 설사나 심한 운동을 했을 때 특히 수분 부족 현상이 생기기 쉬우므로 적절한 수분 공급을 충분히 해주어야 한다.

◈ 물을 안 먹고 다이어트 하면 근육량이 줄어든다

근육은 많은 수분을 포함한다. 근육의 증가는 기초 대사량을 증가시키고, 근육세포에서 체지방이 분해 되기 때문에 체중 감량 시 일정한 근육양의 보존은 아주 중요하다. 따라서 근육을 이루는 수분의 보충도 중요하다. 또한 수분이 부족한 상태에서 살을 빼게 되면 살이 탄력 없이 푸석푸석하게 빠지게 된다.

5) 적게 먹고 많이 움직여라

적게 먹고 많이 움직이는 것은 다이어트의 기본이다. 살을 빼려면 섭취한 열량보다 많은 양의 에너지를 사용해야 한다. 이를 위해서는 먼저 식사량을 조절해야 한다. 그렇다고 무턱대고 안 먹거나 끼니를 거르라는 말이 아니다.

'적게 먹기'에서 가장 중요한 것은 살을 뺀 뒤에 최종적으로 어느 정도의 양을 평소 식사량으로 할 것인지 생각해 보는 것이다. 다이어트 중에 지나치게 적게 먹다가 다이어트가 끝나고 나서 더 많은 양을 먹게 되면 요요현상이 일어나기 쉽다. 때문에 다이어트 후에도 유지할 수 있는 양 정도로 식사량을 줄이고 유지해주는 것이 좋다.

양을 정했다면 식탁에 오르는 음식의 종류를 개선하는 것이 필요하다. 예를 들어 같은 닭을 먹더라도 지금까지는 주로 튀기거나 볶은 닭요리를 먹었다면, 이제부터는 삶거나 구운 닭요리를 먹는 것이다. 육류보다는 채소 반찬을 더 많이 먹고, 싱겁게 먹고, 군것질을 줄이는 등의 작은 변화만으로도 살이 빠지기 시작한다.

이렇게 식생활을 바꾸어가면서 할 일은 몸을 부지런히 움직이는 것이다. 따로 운동을 하는 것이 좋지만 생활습관을 바꾸어 평소의 운동량을 늘리는 것이 무엇보다 중요하다. 평소 잘 움직이지 않는 사람이 다이어트를 위해 운동을 하더라도, 다이어트가 끝나고 운동을 그만두면 사용되는 에너지의 양이 급격히 줄어들어 다시 살이 찌게 된다. 하지만 일상생활에서 움직임이 많아져 소모되는 에너지의 양이 늘어나면 살도 더 잘 빠지고 다이어트 후에도 요요현상이 일어날 위험이 적다.

평소의 운동량을 늘리는 것은 그리 어려운 일이 아니다. 방청소를 자주하고, 직접 요리를 해서 먹고, 취미활동을 열심히 하고, 윈도우 쇼핑을 자주하고, 대중교통을 이용하는 등 매우 사소한 일부터 시작하면 된다. 주말에는 정기적으로 공원을 산책하는 것도 좋은 방법이다.

이렇게 하면 살이 자연스럽게 빠지고, 심신이 모두 건강한 삶을 누릴 수 있게 된다. 지나치게 살이 찌는 것은 단순히 많이 먹었거나, 적게 움직였기 때문이 아니다. 건강하지 못한 생활습관으로 인해 신진대사의 균형이 깨졌기 때문에 일어나는 것이다. 그러므로 다이어트를 한다고 한시적인 계획을 세우는 것이 아니라, 몸을 건강하게 하는 생활습관을 통해 꾸준히 자신을 변화시켜야 한다.

6) 외식하지 말고 집에서 먹어라

끼니를 집에서 해결하는 것은 다이어트를 성공으로 이끄는 매우 좋은 방법이다. 우리가 식당에서 사먹는 음식들을 떠올려보자. 식당에서 우리가 선택할 수 있는 음식들은 덮밥, 찌개, 볶음 등 매우 자극적인 것이 대부분이다. 반찬도 양념이 매우 강하게 되어 있는 경우가 많다. 앞서도 설명했듯이 이처럼 염분이 많고 자극적인 음식들은 비만의 원인이 된다. 뿐만 아니라 구강과 위, 장을 자극하여 질병의 원인이 되기도 한다.

집에서 음식을 해 먹으면 이러한 위험을 줄일 수 있다. 좋은 재료를 직접 고르고 조미료를 덜 자극적인 것으로 선택할 수 있다. 또한 자신이 처한 상황에 맞게 조리법을 선택할 수도 있다.

또한 조리를 하는 과정에서 냄새로 충분한 자극을 받기

때문에 식사 때는 상대적으로 적은 양을 먹게 되는 효과가 있다.

무엇보다 중요한 것은 직접 음식을 만들면서 자신이 먹는 음식에 대해 더욱 주의 깊게 생각하게 된다는 것이다. 앞서 말했듯이 다이어트는 생활습관을 건강하게 바꾸는 것이 무척 중요하다.

이 때 가장 중요한 생활 습관이 바로 식습관이다. 직접 음식을 만들면 자신이 어떤 음식을 먹고 있는지 정확히 인식하고, 어떠한 음식을 먹는 것이 좋을까 고민하게 되기 때문에 바른 식습관, 바른 생활방식을 자연스레 익히게 된다. 그러므로 진정 다이어트를 하고자 한다면 적어도 하루에 한 끼는 자신의 손으로 준비하는 노력이 필요하다.

7) 영양가 있는 균형 잡힌 식단을 구성하라

식단을 짜면 영양의 균형을 잡을 수 있다는 장점이 있다. 다이어트는 살을 빼서 더욱 아름다워지려는 욕구에서 시작되는 경우가 많다. 하지만 다이어트의 종착점은 건강한 삶을 누리는 것이다.

비만은 짧은 시간에는 해결할 수 없는 만성적인 문제다. 그 자체로서 고혈압, 당뇨, 고지혈증, 관절염 등의 증세를 보이는 질병이며, 암과 뇌졸중, 심장병 등을 유발하는 원인이다. 때문에 비만을 해소하는 것은 바로 건강을 되찾는 일이 되며, 건강을 되찾을 때 비만도 해소할 수 있다.

비만은 주로 체중을 자신의 신장에 제곱으로 나눈 값을 뜻하는 체질량지수를 통해 정확히 판정한다. 비만 판정의 기준은 아래와 같다.

◆ 비만 판정 기준 체질량지수

구분	남성	근육질인 사람	여성
저체중	18.5 미만	–	17.5 미만
정상	18.5~22.9	–	17.5~21.9
과체중	23~24.9	25~26.9	22~23.9
비만	25~29.9	27~31.9	24~28.9
고도비만	30 이상	32 이상	29 이상

* 체질량지수 = 체중(kg) ÷ 신장(m)^2

위 표에서 보듯 보통은 신장에 따른 기준 보다 몸무게가 많이 나갈 경우 비만으로 분류하지만, 정상 체중인 경우에 도 복부만 비만이거나 근육량에 비해 체지방량이 많은 사람 등 복부비만, 마른비만으로 분류되는 특수한 경우가 있다. 그리고 이러한 경우는 우리 주변에서 의외로 많이 찾아볼 수 있다.

일반적인 비만도 그렇지만 특히 이렇게 예외적인 비만이 생기는 이유로 지적되는 것이, 전체 섭취하는 열량은 적지만 영양소를 편중되게 섭취하는 문제다. 영양분을 골고루 섭취하지 못하고 지방의 형태로 몸속에 축적되는 당분의 섭취가 지나치게 많을 경우, 보통의 비만은 물론이고 이러한 특수한 형태의 비만이 생기기 쉽다.

식단을 짜는 것은 이러한 영양불균형으로 인한 비만을 개선하고 예방하는 데 매우 효과적이다. 식단을 짜면 나에게 부족한 영양소는 없는지 과다하게 섭취하고 있는 영양소는 무엇인지 한눈에 확인할 수 있기 때문에, 섭취 영양소의 종류와 양을 적절하게 조절할 수 있다.

5. 영양요법으로 시작하는 최고의 다이어트 비법

앞서 살펴보았듯이 다이어트에 성공하기 위해서는 영양소를 골고루 섭취하는 것이 매우 중요하다. 다이어트를 한다고 무조건 적게 먹어 영양소가 결핍되면 대사 작용에 이상이 생겨 다이어트를 방해할 뿐만 아니라 건강까지 해치게 된다. 이 장에서는 다이어트를 할 때 충분히 섭취해야할 여러 영양소들에 대해 알아보기로 하겠다.

1) 비타민요법

비타민은 그리 많은 양이 필요한 영양소는 아니지만 결핍되면 신체대사에 이상을 불러오는 매우 중요한 영양소이다. 대부분의 비타민은 체내에서 합성되지 않기 때문에 반드시 음식을 통해 섭취해주어야 한다. 예외적으로 비타민 D는 햇볕을 받으면 피부에서 합성되며, 비타민K와 비오틴(Biotin)도 장내세균의 활동으로 체내에서 만들어진다.

비타민은 탄수화물, 지방, 단백질의 에너지 대사를 촉진하는 역할을 하기 때문에 결핍되면 신체에 이상 증상이 나타나게 된다. 비타민은 또한 세포분열, 시력, 성장에 영향을 미치며 상처 치료와 혈액응고를 돕는 역할도 한다.

그런데 비타민은 여러 종류가 함께 작용하여 생체 기능을 조절하기 때문에, 그 종류 중 하나라도 부족하게 되면 대사기능에 장애가 생긴다. 예를 들어 비타민 A, B1, B2, B6, C, D는 모두 성장 촉진에 관여하는 비타민인데, 이중 어느 하나라도 부족하면 성장에 이상이 올 수 있다. 전반적인 비타민 결핍 현상으로는 소화기능 저하, 식욕 감소, 신체 활력 저하, 성장 발육 저하 등이 있다.

이처럼 비타민은 우리 몸에 없어서는 안 될 중요한 영양소이기 때문에 음식물을 통해 충분히 섭취할 필요가 있다.

그런데 비만인 사람은 비타민이 많은 음식보다는 육류와 가공식품 등 고단백, 고지방 식품을 더 선호한다. 때문에 비만인 사람은 만성적인 비타민 부족에 시달리는 경우가 많다. 이렇게 되면 대사의 균형이 깨져 건강에 해로우며, 건강이 안 좋아지면 살이 찌기 쉽다.

비타민의 섭취는 다이어트에 직접적인 도움이 된다. 비타민은 주로 채소와 과일에 많이 들어 있다. 때문에 비타민을 충분히 섭취하기 위해서는 이러한 식품을 충분히 먹어야 한다. 이러한 식품들은 대부분 영양은 풍부하지만 칼로리가 낮아, 하루 섭취하는 음식 중 비타민 함량이 높은 음식섭취의 비율이 높으면 살이 잘 찌지 않는다.

또한 비타민은 3대 영양소인 탄수화물과 단백질, 지방을 에너지로 전환하는 데 필요한 효소를 만드는 중요한 영양소이다. 그런데 이것이 부족하게 되면 몸속에 영양분이 저장되기만 하고 에너지로 사용되지 못하게 된다. 이렇게 몸속에 축적된 영양분이 많아지면 비만이 되는 것이다.

이처럼 비타민의 결핍은 비만을 불러오며, 비타민이 풍부한 음식을 섭취하면 자연스럽게 저열량 음식을 많이 섭취하는 결과를 불러와 다이어트에 도움이 된다는 것을 기억하자.

2) 미네랄 요법

미네랄은 인체의 생리활동에 필요한 매우 중요한 요소로서, 철분, 칼슘, 마그네슘과 같은 영양소를 말한다. 미네랄은 혈액의 대사와 골격 형성과 유지에 깊이 관여한다. 미네랄을 또한 비타민과 함께 3대 영양소를 에너지로 전환하는데 필요한 영양소이다. 때문에 비타민처럼 부족하면 영양분이 에너지로 쓰이지 못하고 몸속에 축적되어 비만이 생기게 된다.

다이어트에 도움이 되는 미네랄은 대표적으로 마그네슘과 아연, 크롬이다. 통곡식, 녹색야채, 견과류에 많이 들어 있는 마그네슘은 3대 영양소의 대사에 가장 핵심적인 역할을 한다. 굴, 조개, 마늘에 많이 들어 있는 아연은 단백질의 합성과 호르몬 조절에 관여한다. 통곡식과 버섯류, 브로콜리에 많이 들어 있는 크롬은 지방 연소와 근육 생성에 관여한다.

이 외에도 미네랄은 우리 몸이 대사를 조절하는 기능을 하기 때문에 부족하면 건강에 이상이 생기게 된다. 철분, 구리 및 코발트 등이 부족하면 빈혈이 생기고 셀레늄은 노화방지와 심근질환 예방에 기여하며, 마그네슘이 부족하면 뼈가 약해진다. 철, 아연, 구리, 셀레늄 등 물 속에 용해되어 있는 중금속도 미량 섭취한다면 건강 유지에 도움이 된다는 연구결과도 있다.

이처럼 미네랄은 인체대사를 도와 몸을 건강하게 하고 대사기능을 활발하게 해 다이어트에 도움이 되는 중요한 영양소이다. 다이어트에 성공하고 싶다면 미네랄이 풍부한 음식을 많이 섭취해야 한다.

3) L-아르기닌 요법

최근 '기적의 물질'이라고 불리며 많이 사람들의 주목을 받고 있는 L-아르기닌. 이 물질은 아미노산의 일종으로, 강력한 치료 효과가 있다고 알려져 비만과 심혈관계 질환, 암 등 다양한 질병의 치유에 이용되고 있다.

L-아르기닌은 상피세포에서 산화질소의 합성을 증가시키는데, 산화질소는 순환계, 면역계, 신경계 등의 기능을 활성화시켜 주는 중요한 신호전달물질로, 폐, 간, 신장, 위, 뇌, 심장 등 대부분의 신체기관의 활동을 돕는다.

산화질소는 혈관의 내피세포에서 분비되어 혈관의 탄력성을 증가시켜 주고, 혈관을 확장시키며 혈전이 생기는 것을 방지하는 중요한 물질이다. 때문에 이것이 부족해지면 동맥경화나 고혈압이 생기기 쉬운데, L-아르기닌을 섭취하면 활성산소의 합성이 활발해지기 때문에 심혈관계 질환의 위험을 감소시킬 수 있다.

난소의 기능이 약한 여성이 L-아르기닌을 섭취하게 되면 산화질소가 난소로 이어지는 혈관의 확장을 돕고 성선자극 호르몬에 대한 반응을 높여, 임신에 도움을 주는 것으로 알려져 있다.

또한 L-아르기닌은 뇌하수체에 직접 작용하여 성장호르몬의 분비를 증가시키고 근육의 생성을 촉진시키며 노화를 억제하는 기능까지 있어 젊음의 비결로도 사랑받고 있다. L-아르기닌은 이 외에도 백혈구 중 하나인 T-림프구의 반응을 증가시켜 면역기능을 향상시키며, 암의 성장속도와 암세포 감소시킨다.

그러나 가장 주목해야 할 것은 L-아르기닌의 특별한 체지방 감소 기능이다. 이 물질은 인체 내에서 호르몬의 분비를 조절하여 체지방 분해를 돕는다. 인슐린은 지방과 탄수화물이 몸속에 저장되도록 돕고 성장호르몬은 지방분해를 촉진한다. 때문에 인슐린의 수치가 높아지고 성장호르몬이 부족해지면 과체중이나 비만이 생기기 쉽다. L-아르기닌은 체내 지방을 분해하는 효소를 증가시키고, 성장호르몬의 분비를 촉진하여 체지방을 감소시킨다.

4) 효소요법

효소는 생명 유지를 위한 필수 물질로 몸속에서 일어나는 모든 화학반응을 촉진하는 기능을 담당한다. 아무리 좋은 음식을 먹어도 효소가 없으면 몸속으로 흡수될 수 없다. 전분을 분해하는 아밀라아제나 단백질을 분해하는 단백질 가수분해효소, 지방을 분해하는 지방질 가수분해 효소 등이 모두 이러한 효소들인데 몸속에 들어온 영양분들은 이 소화 효소의 작용을 통해 분해되고 흡수된다.

구 분	효소의 체내 작용
체내 항상성 유지	혈액을 약알칼리화, 체내의 이물 제거, 장내세균의 평형을 유지, 세포의 강화작용, 소화촉진, 병원균 저항력 강화
항염증 완화	세포의 일부가 상처, 손상시 염증, 악화시백혈구의 활동을 도와 세포에 치유력 증강
분해 작용	병부위 관내에 체류된 오물을 분해 배설
혈액정화 작용	혈액중의 노폐물과 염증의 병독을 분해하여 배설하는 작용, 콜레스테롤 용해하는 작용, 혈류의 흐름을 좋게 함

효소는 또한 신진대사를 촉진하며, 우리 몸에 불필요한 물질을 분해하거나 배설하도록 도와 몸속의 유해물질을 효과적으로 없애준다. 때문에 오염된 환경에 노출된 현대인

들에게 효소는 없어서는 안 될 아주 중요한 요소이다.

특히 효소 부족은 비만의 원인이 될 수 있으며 주의해야 한다. 비만인 사람의 경우 지방 조직 내에 리파아제의 양이 낮은 경우가 많다. 이런 경우 대게 지방세포에서 효소의 결핍을 확인할 수 있다. 이럴 경우 지방이 분해되지 못하고 몸속에 과도하게 섭취되어 비만이 생기게 된다. 나이가 어릴수록 이러한 경향이 더욱 활발하게 나타난다.

건강한 사람의 신체조직 내에는 효소가 충분하게 존재하지만 저혈당증, 재분비부족증 등의 질병과 비만을 가지고 있는 경우 효소보조제를 섭취하여 효소를 보충해주는 것이 바람직하다. 또한 운동량이 많은 사람들도 효소를 따로 보충해주는 것이 좋다. 운동 중에 체온이 상승하면 효소가 보통의 경우보다 더 빨리 소모되기 때문이다.

효소의 섭취는 채소, 통곡식 등 무공해식을 먹는 것과 기능성 식품으로 정제된 것을 섭취하는 방법이 있다.

그리고 효소를 보충 시 효소의 파괴를 막는 것도 중요하다. 술, 담배, 육류, 가공식품의 잦은 섭취는 효소를 파괴하는 지름길이다. 특히 체내에서 생성되는 효소의 파괴를 부추긴다. 이러한 음식들은 열량이 높고 영양소가 풍부하지도 않아 비만의 원인이 된다. 따라서 이러한 음식을 자주 섭취하는 것은, 효소를 부족하게 만들고 섭취 열량이 높여 비만으로 향하는 것과 같다.

또한 효소를 섭취 시 소화개선, 피로회복개선, 비만해소 체중관리. 신체면역력강화, 탄력있는 피부유지 등 현대인들이 꼭 섭취해야 할 최고의 영양소이다.

5) 식이섬유요법

사람이 생명을 유지하고 활동을 하기 위해서는 몸속에서 에너지를 생성하는 탄수화물과 지방, 단백질 등 영양소를 섭취해야 한다. 그런데 섬유질은 이러한 영양소가 아니며 기능 또한 다르다.

섬유질은 대장 내의 세균 활동에 영향을 주어 발암 물질이 침투하는 것을 억제하기 때문에 대장암의 발생이 예방된다. 또한 콜레스테롤이 체내로 흡수되는 것을 막아 현대병을 예방해준다. 어떤 섬유질은 장내에서 식염과 결합하여 몸 밖으로 배출시켜 혈압이 올라가는 것을 막아주고 당뇨 치료의 예방에도 도움을 준다.

섬유소가 단백질, 당질, 지방 등 다른 영양소와는 달리 에너지원으로 쓰이지 않는 것은 사람의 소화효소로 분해 되지 않기 때문이다. 음식물로 섭취한 섬유소는 몸속으로 흡수 되지 않고 몸 밖으로 빠져나간다. 그래서 예전에는 불필요한 것이라 여겨졌지만, 지금은 건강유지에 필수적인 것으로 인식 되어 '제6영양소'로 주목받고 있다. 섬유소가 몸 밖으로 빠져나가는 동안 우리 몸에 수많은 이로운 기능을 하기 때문이다.

식이섬유는 구조가 복잡하고 단단하여 입에서 오래 씹어야 하고, 위장에서 오래 머물며 수분을 흡수하여 천천히 소화 되기 때문에 아주 오랫동안 포만감을 느낄 수 있다. 때문에 섬유소를 많이 섭취하면 과식을 하는 것을 방지할 수 있다.

섬유소는 주로 채소와 통곡식, 해초류, 과일에 많이 들어 있다. 섬유소가 많은 음식은 열량이 높지 않다. 때문에 섬유소가 많은 음식을 위주로 식사를 하면 섭취하는 칼로리의 양을 크게 줄일 수 있다. 또한 섬유소는 위장과 장에서 지방이나 당 등을 흡착하여 체내로 흡수되는 속도를 늦춰 주고 배설을 촉진함으로써 몸속에 지방이 축적되는 것을 줄여 준다.

그리고 변의 부피를 늘리고 변을 부드럽게 하며 장운동을 촉진시켜 배변을 도와줌으로써 다이어트 시 생기기 쉬운 변비의 예방 및 치료에 효과적이다. 또 장내 유산균의 먹이가 되므로 장을 건강하게 하고 몸의 독소를 줄여 준다.

섬유소의 기능을 자세히 살펴보면 볼수록 다이어트에는 없어서는 안 될 중요한 영양소라는 것을 확인할 수 있다.

Q&A 다이어트, 무엇이든 물어보세요!

Q : 아침식사를 하지 않으면 체지방이 늘어나나요?

A : 아침식사를 하면 뇌에서 사용할 에너지가 충분히 공급되기 때문에 세포가 활성화되어 섭취한 열량이 에너지로 활발히 소비됩니다. 그러나 아침식사를 거르면 이러한 움직임이 둔화됩니다.

전날 밤 8시에 저녁식사를 하고 다음 날 아침을 걸렀다고 생각했을 때, 점심식사 전까지 우리 몸은 16시간 정도 아무 것도 먹지 않은 상태가 됩니다. 그러면 우리 몸은 에너지 부족이 되지 않도록 스스로 대비하게 됩니다. 다시 말해 섭취한 에너지를 소비하지 않고 나중에 사용하기 위해 몸속에 지방으로 축적해두는 것이지요. 따라서 식사 시간의 간격이 길수록 체지방의 축적이 더욱 활발하게 일어나게 되는 것입니다.

식사를 자주 거르는 사람과 규칙적으로 식사를 하는 사람의 피하지방 두께를 비교했을 때, 식사를 자주 거르는 사람이 그렇지 않은 사람에 비해 남녀 모두 피하지방의 두께가 더 두꺼운 것으로 조사되었습니다.

Q : 식욕 조절이 잘 안 되는데 약물을 활용해도 괜찮을까요?

A : 다이어트 시 가장 큰 어려움으로 꼽히는 것이 바로 식욕 조절 문제입니다. 과식을 불러일으키는 뇌의 메커니즘에 대해서는 아직 화실하게 밝혀지지 않았습니다. 하지만 뇌하수체를 자극하여 식욕을 줄여주는 약물은 현재 매우 많은 종류가 유통되고 있습니다.

이러한 약물들은 복용 시 매우 효과가 좋아 많은 분들이 이용하고 있습니다. 단기적으로 사용하는 것은 전문가의 지도에 따라 이용한다면 크게 문제가 없습니다. 하지만 약물의 효과가 지속적이지 않아, 평생 약물의 도움을 받을 것이 아니라면 결국에는 스스로 식욕과 싸워 이겨내야 합니다.

때문에 스스로 식욕을 조절하는 방법을 찾아내는 것이 무척 중요합니다. 이를 위해서는 먼저 불안과 스트레스를 주는 환경에서 벗어나 평온한 감정 상태를 유지하도록 해야 합니다. 그리고 먹는 것 이외에 자신에게 기쁨을 주는 다른 활동을 찾는 것이 좋습니다. 흥미를 먹을 것에서 다른 것으로 돌리는 것입니다. 또한 매일 산책을 하는 것도 도움이 됩니다. 걷는 활동은 식욕을 저하시킨다는 연구결과가 있습니다.

먹지 말아야 한다고 스스로를 너무 괴롭히지 말고 음식을 먹되 양을 줄이고, 선호하는 음식의 종류를 기름진 것에서 채소, 과일 등으로 바꾸어주는 방법도 있습니다.

Q : 부모가 뚱뚱하면 아이도 뚱뚱해지나요?

A : 부모가 뚱뚱하다고 아이가 무조건 뚱뚱해지는 것은 아닙니다. 하지만 대게 부모가 비만이면 아이도 비만인 경우가 많습니다. 이러한 현상은 유전과 환경이 복합적으로 작용해 일어나는 것입니다. 비만의 유전적 요인은 30% 정도입니다. 그리고 70%가 환경적인 요인으로 인해 발생하게 됩니다.

문제는 살이 찌도록 하는 식습관과 생활습관을 가족이 모두 공유한다는 데 있습니다. 살이 많이 찐 사람들은 대체로 많이 먹고 기름지게 먹고 적게 움직입니다. 아이들은 부모가 먹는 것을 함께 먹습니다. 그리고 생활습관도 부모를 닮게 되지요. 그러니 부모처럼 살이 찌게 되는 것입니다.

그런데 아이들을 날씬하게 만들겠다고 아이들의 음식을 제한하고 강제로 운동을 시키는 부모들이 있습니다. 이러한 시도는 아이들의 스트레스를 심화시킬 뿐만 아니라 비만 예방과 해소에는 별 도움이 안 됩니다. 아이들의 비만

문제를 해결하고 싶으면 부모가 먼저 비만에서 벗어나야 합니다. 부모가 식습관과 생활습관을 바꾸면 아이들도 자연히 따라오게 됩니다.

Q : 다이어트 목표는 어떻게 잡는 것이 좋은가요?

A : 다이어트 목표는 자신이 원하는 대로 잡는 것이 좋습니다. 그러나 그 전에 자신이 왜 다이어트를 하려고 하는지 분명하게 인식하는 것이 중요합니다. 다른 사람에게는 말할 필요가 없으니 솔직하고 확실하게 다이어트의 이유를 생각하고 다이어트에 임하도록 합니다.

다이어트의 목표를 잡을 때는 구체적이고 분명하게 하는 것이 좋습니다. '30kg을 빼야겠다' 는 목표가 아닙니다. 일주일에 몇 g, 한 달에 몇 kg 씩 몇 달에 걸쳐 뺄 것이며, 그를 위해 어떤 활동을 할 것인지 구체적으로 계획을 짜야 합니다.

또 중요한 것이 살이 빠진 후의 자신의 모습을 구체적으로 그려보는 것입니다. 막연히 더 예뻐질 것이라거나, 멋있

어질 것이라는 생각은 좋지 않습니다. 살이 빠져 55사이즈의 옷을 입는 모습, 그전에는 사이즈가 없어 가지 않았던 매장에서 옷을 고르는 모습, 미니스커트나 민소매 티 등 도전하고 싶은 패션, 몸이 가벼워져 체력장에서 좋은 기록을 내는 모습, 해변에서 수영복을 입고 멋진 몸매를 뽐내는 모습처럼 아주 구체적으로 되고 싶은 모습을 상상하고 그려보세요. 이러한 상상은 곧 다이어트의 에너지가 되어줄 것입니다.

Q : 건강기능성 식품도 다이어트에 도움이 되나요?

A : 요즘 많은 사람들이 각종영양소들이 들어 있는 건강기능성 식품들을 섭취하고 있습니다. 이러한 식품들은 보통의 식사로는 섭취하기 힘든 영양소들을 균형 있게 섭취하는 데 많은 도움이 됩니다.

때문에 이러한 식품들을 잘 섭취하면 효과를 볼 수 있습니다. 다이어트의 기본은 우리 몸에 필요한 영양소를 균형 있게 섭취하는 것입니다. 대부분의 건강기능성 식품들은 영양소들이 보통의 식사를 통해 섭취할 때보다 더 잘 흡수되도록 만들어져 있기 때문에, 적절한 건강기능성 식품을 섭취하게 되면 영양의 불균형을 해소하는 데 많은 도움이 됩니다. 그리고 의사 등 전문가를 찾아 자신의 건강상태를 확인하고, 그에 알맞은 건강기능성식품을 선택하여 도움을 받도록 해야겠습니다.

내 생애 마지막 다이어트 지금 끝내자

우리는 왜 다이어트를 해야 할까? 다이어트는 단순히 살을 빼는 것이 아니다. 우리 몸을 살찌게 만들었던 모든 것에서 벗어나 건강과 자유로움 그리고 행복을 찾는 일이다.

요즘에는 너무 마른 것을 경계해야 한다는 목소리가 높다. 그렇다고 비만인 것이 좋은 것은 아니다. 있는 그대로의 모습이 아름답다고 하지만, 매우 마른 것이나 매우 살이 찐 것이나 모두 인간의 자연적인 상태와는 거리가 멀다.

다이어트는 기본적으로 체중을 줄이는 것이지만, 그 속을 자세히 들여다보면 우리 몸이 제 기능을 할 수 있는 건강한 상태를 만드는 일이다. 우리 몸이 필요한 만큼만 먹고, 운동을 통해 영양분이 과도하게 몸속에 축적되지 않도록 하며, 영양소를 골고루 섭취하여 신체대사의 기능을 돕는 역할을 한다.

다이어트는 몸을 건강하게 하는 일이면서 동시에 정신을 건강하게 하는 일이기도 하다. 다이어트를 하면 활동량이 늘어나고 생활이 활기차진다. 살이 빠질수록 자신감도 커져 인생이 더욱 즐거워지게 된다.

또한 다이어트는 생활을 총체적으로 개선하여 나를 얽어맸던 많은 모든 것들에서 벗어나는 일이다. 생각해보자. 그동안 우리가 식욕의 노예는 아니었는지, 게으름의 노예는 아니었는지 그리고 '나는 안 돼'를 입버릇처럼 달고 사는 패배감의 노예는 아니었는지 말이다.

건강하지 못한 사람, 말랐어도 체지방이 많은 사람, 체중이 많이 나가는 사람 모두 다이어트가 필요한 사람이다. 그러니 '이렇게 살이 쪘으니 다이어트를 해야 겠네'라고 생각하지 말고 '다이어트를 해서 더 활기차게 살아봐야지' 라고 생각하자. 다이어트는 건강과 행복, 보다 자유로움 삶을 위한 도전이라는 것을 기억하자.

다이어트 십계명 따라하기

다이어트를 시작하거나 시작할 예정이라면 반드시 숙지하고 자신이 원하는 다이어트가 여기에 맞는지 점검해 보고 시작해도 늦지 않다.

1. 무리한 목표를 잡지 말라

평소에 전혀 운동을 하지 않던 사람이 체중을 줄이겠다고 매일 1-2시간씩 운동하는 계획을 세운다고 치자. 또한 하루에 밥을 3공기 이상 먹던 사람이 갑자기 하루에 1공기만 먹겠다는 무리한 계획을 세운다면 오래 가기 어렵다. 따라서 일상적으로 실천할 수 있는 것부터 시작하고, 차츰 강도를 늘려간다.

예를 들어 출퇴근길에 버스 한 정거장 걷기, 하루 한 끼만 식사량을 1/3 줄이기, 밀크커피를 녹차로 바꿔 마시기 등 손쉽게 실천할 수 있는 운동이나 식사 조절 목표를 먼저 세우고, 이것에 익숙해지면 다른 도전들을 구체적으로 세우는 것이 효과적이다.

2. 내 몸과 친한 다이어트를 하라

살 빼는 약은 과도한 화학 성분으로 인해 우울증이나 폭식증 등 심각한 부작용을 불러올 수 있으며 지방흡입 수술 역시 시술 시 몸에 상처를 입힐 뿐 아니라, 자칫 큰 위험이 따르고 시간이 지나면 요요현상을 불러온다. 게다가 이 모든 것은 일시적인 효과를 낼 뿐 근본적인 대안이 될 수 없다. 몸이 바뀌어 살이 찌지 않는 체질이 되려면 몸의 흐름에 맞는 순화적이고 친화적인 다이어트가 필요하다.

화학 성분이 지나치게 남용되는 다이어트, 몸에 상처를 입히는 다이어트, 지나친 절식으로 인해 몸을 혹사시키는 다이어트는 미련 없이 버리고 뒤돌아서라.

3. 몸의 바탕부터 바꿔라

아무리 단기간 살을 뺐다고 해도 몸 전체가 바뀌지 않으면 그 효과는 일시적일 수밖에 없다. 다이어트를 할 때는, 단기간의 체중 변화에 집착하지 말고 보다 넓고 장기적인 시야로 전반적인 몸의 변화를 도모해야 한다.

물론 몸의 바탕부터 바꾸려면 생활과 식단의 장기적인 조절이 필요할지도 모른다. 그러나 이는 평소 해왔던 안 좋은 습관을 버리는 일로써, 일단 안정적으로 습득하게 되면 장기 지속이 가능해짐으로써 무리 없이 살을 뺄 수 있게 된다.

4. 살 안찌는 사람에게서 배워라

우리는 항상 역할모델이나 모범을 보고 배우고, 그렇게 되기 위해 노력한다. 다이어트도 크게 다르지 않다.

무턱대고 다이어트에 돌입하기 전에 살이 잘 찌지 않고 건강한 사람을 모델 삼아 모니터하고 관찰하다 보면 그 사람과 나의 차이를 알게 되고, 그것이 보다 효율적인 플랜을 짜는 데 도움이 된다.

또한 살 안찌는 사람들의 특성과 심리 상태, 음식에 대한 태도들에 관심을 가지고 지속적으로 배워가다 보면 자연스레 잘못된 습관을 교정할 수 있는 동기가 부여된다.

5. 균형 잡힌 영양 섭취에 힘써라

건강한 다이어트 식단은 칼로리 면에서 뿐만 아니라, 영양 면에서도 적절한 균형을 이뤄야 한다. 우리가 흔히 다이어트 식단에서 빠뜨리지 않는 신선한 야채와 덜 정제된 곡물, 단백질 음식 등은 바로 일상적 영양 균형과 다이어트 관계를 잘 보여 준다.

다이어트란, 한번에 식단을 확 줄이거나 갈아엎는 것이 아니라 평소 먹는 음식을 균형 잡힌 다이어트 식단으로 바꿔가는 일인 것이다.

그러나 현실적으로 매일같이 훌륭한 다이어트 식단을 섭취하는 것은 여간 어렵지 않다. 이럴 때는 부족해지기 쉬운 영양소를 보충해주는 기능성 식품이 큰 도움이 된다.

기능성 식품도 비타민, 단백질, 필수당분 등 여러 종류가 있는데 이 중에서 자신에게 맞는 것을 적절하게 선택하자. 또한 일상적으로 복용하는 데 의의를 두어야 하는 만큼 지나치게 비싼 것을 구입할 필요는 없다.

6. 지금이 아닌 미래를 생각하라

어떤 일을 성취하려면 그에 대한 강력하고 구체적인 동기 부여가 필요하다. 내가 왜 다이어트를 하려고 하는지를 생각해보고 구체적인 이유들을 종이에 써서 벽에 붙여 놓도록 한다. 그리고 살이 빠지면 어떤 점이 어떻게 달라지고, 그때는 어떤 새로운 일을 시도할 것인지 등 미래와 관련된 생각을 글로 적어보는 것도 좋다. 많은 이들이 식사 일기를 쓸 때 단순히 먹은 음식과 운동량만 적지 않고 살을 빼고 싶은 동기를 함께 적을 때 그 효과가 크다고 말한다. 다이어트는 결국 자신과의 싸움이며 이를 잘 해내려면 미래에 다가올 보상을 구체적으로 떠올리는 것이 절제와 인내에 도움이 되기 때문이다.

7. 중도에 실패하더라도 실망하지 말라

지금껏 여러 번 언급했지만 다이어트 성공률은 1%가 채 되지 않는다. 즉 100명이 도전해도 그 중에 한 사람만이 간신히 성공할까 말까이다. 첫 번째 시도에서 실패했다고 해서 좌절하거나 괴로워할 필요는 없다. 분명히 그 다이어트가 실패한 원인이 있었을 것이고, 여기서 할 일은 괴로워할 시간에 그 원인을 찾고 분석하는 것이다.

우리는 역경을 이겨내면서 더 강해진다. 다이어트 중도 실패는 분명히 거쳐야 할 역경 중에 하나이며, 한번 이겨내면 더 현명한 다이어트를 할 수 있는 힘을 얻게 된다. 이 실패를 통해 내가 1%의 성공한 사람이 되겠다는 여유로운 생각을 가져라.

8. 몸이 변하는 것을 즐기면서 하라

건강한 다이어트를 하게 되면 굳이 체중계에 매일 올라가 보지 않아도 스스로의 몸이 변하고 있다는 것을 느끼게 된다.

못 입었던 옷들이 쑥쑥 들어가고 벨트의 칸을 하나 더 당겨서 채우게 될 때, 나아가 아침에 일어나는 것이 개운해지고 몸이 가볍다는 느낌이 들 때, 누군가로부터 "와, 예뻐졌네!"라는 칭찬을 들을 때, 안색이 맑아져서 따로 화장이 필요 없다고 느껴질 때, 이 모든 기쁨들을 마음껏 누리고 즐겨라. 다이어트는 때로는 절제와 인내라는 시련을 주지만 동시에 그것을 참고 이겨냈을 때 그 이상의 선물을 안겨준다. 자신의 외모와 생활, 더 나아가 삶이 바뀌는 것을 즐기게 되면 다시는 살찌는 삶으로 돌아가고 싶지 않다는 생각이 들고, 그것이 더 건강한 삶으로 나아가게 하는 원동력이 된다.

9. 평생 동안 지속하라

많은 이들이 다이어트에 효과를 보려면 최소 3개월에서 6개월을 지속해야 한다고 말하지만 이는 틀린 말이다. 다이어트는 엄밀히 말해 평생해야 하는 것이다. 단기간 내에 뺀 살을 유지하기 위해서는 그 생활 습관을 그대로 이어가야 하기 때문이다. 다시 한 번 강조하지만 다이어트는 얼마나 오래 할 수 있는가가 중요하다. 평생 동안 다이어트를 지속할 수 있는 방법은 한 가지다. 바로 무리하거나 지치지 않는 다이어트를 하는 것이다.

10. 가까운 사람과 함께 하라

뚱뚱한 사람은 대개 그 가족들도 비만의 요인을 가지고 있다. 실제로 부부 중에 한 사람이 뚱뚱하면 그 배우자도 살이 찔 가능성이 높다는 연구 발표도 있다. 이처럼 비만은 주변 사람에까지 영향을 미친다. 가족과 함께 가정 전체 식단의 변화를 꾀하고 생활 습관을 함께 고치면 두 배의 시너지 효과를 낼 수 있을뿐더러, 어려울 때 서로를 독려하고 조언을 줄 수 있다. 실제로 한 가정의 식단이 바뀌면서 가족 전체의 건강이 증진한 사례도 적지 않다. 만일 가족과 함께 있지 않다면 연인이나 친한 친구, 직장 동료와 함께 다이어트를 계획해도 좋다.

출처 / 『의사가 당신에게 알려 주지 않는 다이어트 비밀 43가지』중에서

건강이 보이는 건강 지혜를 한권의 책 속에서 찾아보자!

도서구입 및 문의 : 대표전화 0505-627-9784